笔记大自然

找寻一种探索周围世界的新途径

克莱尔·沃克·莱斯利
查尔斯·E·罗斯 著
麦 子 译

前言 爱德华·O·威尔逊
插图 克莱尔·沃克·莱斯利等

华东师范大学出版社

华东师范大学出版社六点分社　策划

我想起了梭罗和瓦尔登湖……

1

翻译这本书，我心里始终是暖暖的，就像春日阳光梳理破土的种子……

我家在农村，童年记忆里的颜色：绿色。在童年的双眸里，大自然是神奇的，第一次听到雷声，让我敬畏天空，第一次见到雪花坠地，让我理解生命是有瞬间的。童年的春夏秋冬，总是让我有许许多多的期待，春天会播种，夏日会蛙鸣，秋天会收获，冬季的等待会让我向往都市的生活……

长大后，第一次读到梭罗的《瓦尔登湖》，令我激动，多多少少消解了我渴望都市生活的欲望。梭罗用睿智的生命体验，洞察了人类进入19世纪工业文明以来翻天覆地的“自我膨胀”——触及到人类生存的最基本的问题，梭罗的应答很简单，很宁静，很个体，也很伟大。然而，我最终还是像许多人一样，大学毕业后挤进了都市——一个欲望的围城，都市里的生活冲淡了记忆里的颜色，其中的道理我好像早已知道，却一次又一次地遗忘，就像童年虽然常常光脚走在乡间，心里是干净的；长大了，穿上了皮鞋,空气是污浊的，甚至灵魂也被污染了。也许，我再也无法回童年乡间，但我所谓做“现代人”，终究只是个都市里的“流浪者”。翻译此书的心路，就是一次捡拾童年记忆的林林总总。

2

我想告诉读者，《笔记大自然》是梭罗《瓦尔登湖》的现代教学版。如果说《瓦尔登湖》记述的是28岁的梭罗跨过金钱的羁绊，在爱默生的林地瓦尔登湖畔自建一小木屋，自耕自食，所见所悟，《笔记大自然》则告诉我们每个人都可以成为一个自己的“梭罗”：用书写和绘画给大自然写日记。

作者克莱尔（Clare.W.Leslie）是美国著名的艺术家、教育家和环保学者，她长期从事自然观察，身体力行，几十年如一日，总结了一套给自然写日记的方法和心得，教引我们走出都市的围城，用人类善的眼光，去观察大自然的一草一木、一鸟一石，记录大自然的万千变化的瞬间。作者告诉读者，给大自然写日记，也许比记录我们成长的日记更神奇，更令人激动。

我想，不管这个世界发生什么样的变革，科技创造什么样的奇迹，我们与自然的关系永远不会改变。我期待给自然写日记的这种形式、这种快乐能走进我们的幼儿园、中学、大学乃至每个家庭，成为我们生活中不可或缺的一部分，因为我们生命的终点系着大自然。

3

据说，2007年全球用得最多的词是“地球”。地球在变暖。四分之一的动植物将永远消失。想到这些，我心里有一种遥远的后怕。人类的骄傲使自己永远不愿面对一个事实：我们只是大自然的一个“过客”。今天人类不关心，也不叩问——我们应当且必须敬重什么，而当下支配我们敬重对象的动力是欲望，诸如成功、地位、金钱。

有位智者曾尖刻地说，我们可以相信一棵树、一只猫、一轮太阳，但我们不能相信一个人。一百多年前，梭罗带一把斧子来到瓦尔登湖，写下了被艾略特称为“超凡入圣”的书，他告诫后人，“要是文明人的理想还比不上野蛮人，要是人一生的大部分时光都浪费在追求世俗的生活所需和舒适上，那即使他拥有比野蛮人更舒适的住所，又有何意义呢？” 如果说，当下人类面临的一些根本求问，可在古典视域中寻到应答，那么人类自身面临的一些根本危险，则能在自然界里找到缘由。人类追逐辉煌和成功的梦想，最终将使自身成为大自然的“敌人”，人类在挥霍自身智慧的同时，也在殆尽自己立足的家园。这本教你给大自然写日记的书，引出如此沉重的话题，似乎有些都市人的“骄作”，这种“骄作”恰恰掩饰了今日都市现代“流浪者”欲望的自我膨胀，包括我在内。

末了，我想起梭罗的两句话，“每一个早晨都是一个愉快的邀请，使得我的生活跟大自然同样地简单，也许我可以说，同样地纯洁无瑕”，“不必给我钱，不必给我名誉，给我真理吧”，这个邀请就是大自然对人类自我膨胀的藐视；这个真理也许就是我们应当敬畏大自然吧。

我想说，敬畏自然从给自然写日记做起……

麦 子

献辞

谨以此书献给我的女儿安娜，因为在整本书制作和出版过程中，她始终如一地支持着我，是女儿，和她朋友们的支持和鼓励，才使我最终顺利地出版此书。这些未来的女性自然观察家们集思广益，并无私地奉献了自己的画作。一切言语都不足以表达我的感激，只有在此衷心奉上自己最诚挚的谢意，聊表寸心。

——克莱尔·沃克·莱斯利（Clare Walker Leslie）

谨以此书献给我的精神导师——自然教育学家查尔斯·莫尔（Charles Mohr），是他引导我步入早期自然历史研究的殿堂。同时，也把本书献给我的五个孙子孙女，希望他们通过阅读这些章节，在这样一个善变的世界找到自己的归属。

——查尔斯·E·罗斯（Charles E. Roth）

向我的学生们致谢！

多年来，学生们发现用日记书写大自然的方法对写作、绘画和反映周遭事物十分奏效，因此不厌其烦地督促我们将其编书阐述。由此可见，本书是众人齐心合力的结晶。这里不仅有我们的观察心得和艺术画作，也有一些学生和以此为专业的同事奉献的作品。

自教授用日记书写大自然的25年以来，我们接触过成百上千的学生。他们有的很年轻，有的上了年纪，有的从事学术研究，有的则相反。虽然，他们的自然研究和绘画研究技巧差别极大，却都在动手写自然日记的一刻变成了研究自然的学生，这点没有例外。越来越多的人觉得：自然只能在自然保护区或者公园里找到，自然日记会帮你发现：其实，自然无处不在。你需要的，只是尚待提高的认知度和感受力。

大地的孩子

我是大地的孩子
在空间中徜徉
在时间里流淌
斗转星移
我是其间微不足道的一点一滴

我是大地的孩子
低矮且被抹去棱角的山峦叠嶂
森林为它着衣
迎着大海
拥抱潮汐

我是大地的孩子
流体承载着精粹
铸就身体和土地
将颓败与冗余
逐一冲洗

我是大地的孩子
年老的脉搏里
心潮依然澎湃不息
仿若欢畅的小溪
绕过片片森林和草地

我是大地的孩子
此地之灵
萦绕心头
我会畅言它的心声
因为我们本来一体

我是大地的孩子
纵然此生为人
土地，天空和海洋
亦如我是
因为我亦如是

我是大地的孩子
不增一分
不免一毫
没有虚无缥缈
我是大地的孩子

目录

第一部分：整装待发

第二部分：四季自然日记

第三部分：欢歌四季

第四部分：教、习自然日记

致谢

在此，我们二人都要承认对艺术家兼自然学家、同时也是我们的恩师罗杰·T·皮德森（Roger Tory Perterson）先生欠下的一笔“债务”。相信在这些篇章里，罗杰老师会看到他的成就被我们发扬光大。

同样，也要感谢4年以来与我们一起制作本书的艺术家、自然学家和日记作家们。由于本书篇幅有限，我们无法逐一列出你们的名字，但以下几位一定要提，他们是：

比尔·汉蒙德(Bill Hammond)，汉娜·亨希曼(Hannah Hinchman)，凯茜·约翰逊(Cathy Johnson)，约翰·爱尔德(John Elder)，约翰·布斯比(John Busby)，史蒂夫·林戴尔(Steve Lindell)，比尔·福克斯(Bill Fox)，奥黛莉·尼尔森(Audrey Nelson)，罗恩·齐萨日(Ron Cisar)，约翰·皮契尔(John Pitcher)，玛茜·马赛罗(Marcy Marchello)，J.P.胡博(J.Parker Huber)。

另外，我们尤为感谢那些曾给过我们支持、信任，并首先将本书的创意观点付诸实践的老师和学校。我们要特别感谢以下几所学校的老师，他们是哈代小学（Hardy School），托宾小学（Tobin School），卡瑞尔小学（Caryl School），马萨诸塞奥杜邦协会（Massachusetts Audubon Society），卡尔顿学院（Carleton College），威廉姆斯学院（ Williams College），以及克莱尔曾工作过、并一直工作着的学校和教育中心。

我们也要感谢克莱尔的秘书露茜·派特森（Lucy Pattson），她以母亲般的沉着战胜了无数的艰难险阻，一直是我们忠诚的伙伴和信徒。我们要感谢哈佛大学的研究教授爱德华·O·威尔逊先生，感谢他在百忙之中抽出时间来为本书作序。

同样，我们也欠各自的配偶——大卫和桑迪一笔爱和感激的“债务”。当我们挣扎着企图整理乱糟糟的纸张或者理清纷乱的思绪时，我们不是把房间弄得一团糟，就是一副心不在焉的样子，然而，他们都容忍了。

衷心感谢斯托利出版社（Storey Publishing）的编辑们，尤其是黛博拉·巴尔马斯（Deborah Balmuth）和珍妮特·哈里斯（Janet Harris），感谢他们对我的工作及我本人的理解，感谢他们督促我为这本书增添新内容，从而让它更加丰富。

1995年7月2日

前言

什么是自然历史？实际上，自然历史就是你周围的一切。它可以是山巅上眺望的一片森林狭长的远景，可以是围绕在城市街道两旁的一片杂草，可以是一只鲸鱼跃出海面的剪影，也可以是浅塘里海藻上长出的茂盛原生物。相比虚拟存在，有人更喜欢现实存在。无论怎样，世界的每一个角落都有无限的活力，等着人们去探索，哪怕只有片刻。至于那些所谓的“现代科学技术的奇迹”，我要提醒读者：即使是路旁的杂草或者池塘里的原生物，也远比人类发明的任何装置要复杂难解得多。

由于人类在自然界中已经历了百万年的进化，所以，我们完全有理由相信在人类内心深处，依旧渴望着从自然界里汲取到更多、更深层次的感动和快乐。再者，尽管人类已经十分适应这个生态环境，然而它已处在岌岌可危的状态，所以，我们的生存也取决于对仅有的自然生态的理解和保护。我们最乐于看到一个干净、健康的自然环境，这也最符合人类自身生存的利益。

《笔记大自然》一书兼具趣味性和实用性，因此，书中提倡的这种插图就显得更加重要。几个世纪以来，图画一直是表现自然的主要手段。在这样的一个时代里，很多人以为自然历史和科学艺术的角色可由摄影和制图取代，可实际上，这二者只能代表人眼所及的两个极端：一个是把细微的刻画镶进框架，另一个则把具体数据进行抽象。自然历史绘图恰恰介于二者之间，它能让观察者把那些摄影和制表过程中难以捕获的、最重要、最有意思的特征突出表现。正因如此，它也成了一种最永恒的表现方法。况且，笔记自然的方式十分灵活，既可以是专业出版的科学数据，也可以是创造性的艺术，为人们带来美的享受。

正如自然日记所表现出来的，自然历史的艺术还有另外一个同样不容小觑的作用。从更深的意义上讲，它会调动画者直接参与到他所观察的事物中来，进而跳出单纯记录的框子，并重新创作。它不仅表现那些重要的东西，还进一步用令人印象深刻的画突出强调其重要性。同时，还可以通过添加文字描述和评论加深印象。这个创造性的过程就是自然历史观察的核心。它还会成为那些真正想欣赏自然的人们一生中最美好的经历，从而成为永恒的记忆常驻心间。

爱德华·O·威尔逊
哈佛大学研究教授
比较动物学博物馆昆虫学名誉馆长

初版序言

小时候，我一天到晚都在外面玩耍。无论是我、我的兄弟姐妹或者朋友玩伴，在我们眼里，自然就是生活的一部分。虽然，我们不曾正确叫出那些特殊事物的名字，只是傻傻地知道树木是我们要攀登的“高塔”，灌木丛是“洞穴”，宾西法尼亚城的那些林荫小道是我们骑车的“赛道”，还有那蜿蜒的小溪，是我们无尽游戏的“乐园”。今天，那昔日的小树林已经一去不复返了，可我却因那些神奇的、快乐嬉戏的日子，还有那曾亲如兄弟的荒野，变成了一名自然学家兼艺术家。

很多艺术家/自然学家都是自学成材，他们苦苦寻找相关的书籍和导师。很幸运地，我找到了很多优秀的老师和顾问，尤其是英格兰的埃里克·恩宁（Eric Ennion）、苏格兰的约翰·布斯比（John Busby）、瑞典的贡纳·布吕塞维茨（Gunnar Brusewitz），以及我大学毕业后在马萨诸塞（现在，我仍然住在这里）结交的几位还对自然有着丰富经验的朋友。

虽然，在用笔书写大自然的同时，我也从事其他形式的专业艺术创作和插图工作，比如，写个人日记、旅行日记、研究日记和我孩子的日记等，然而我却从未间断写自然日记，它就像一个“实验室”，督促我马不停蹄地继续研究之路。

我家地板上放着两个大箱子，箱子里有我的30本自然日记。这些日记是从1978年我第一次在本地的奥杜邦中心闲逛，并思考怎样研究自然开始写起的。我的6本书已经出版。现在，我和两个孩子、丈夫一起，继续教书和画画，这也就意味着我要不断地往返于佛蒙特的乡土生活和剑桥的都市生活之间。于是，我几乎没有空间作画室，现在我依然用日记保持与那个比我的日常生活瑰丽得多的事物——四季不断更替的野外世界——之间的平衡。

几年来，我一直致力于拓展本书的创意，但往往教起来容易，写起来难。怡克·罗斯是我的导师，也是位明智的科学顾问，他同意和我一起写作并设计，目的是让更多人可以用到它。本书记录了我们两个人的共同历程，我们诚挚地希望读者们可以从中获得灵感，并随即意气风发地开始书写属于自己的故事。

克莱尔·沃克·莱斯利

2003年版序言

随着第一版*Keeping a Nature Journal*渐受欢迎，另外，无论作为教育用书还是用于个人目的，大众对自然日记的兴趣日渐提高，于是2002年，我的出版商又来与我探讨怎样再推出一本更实用的书。作为教师用书，第一个版本已经相当完善，这一点我们毫不怀疑，因此没必要做其他修改。恰克也很爽快地认同了我们的想法。长期以来，我们一直收到很多读者和学生的来信，他们要求看到我日记里的更多篇章，即使粗糙潦草也无所谓，只希望把那些页码直接扫描上去就好。

新版本里有32页是他们从我最新的日记里选的。虽然，这些作品并不是在同一年创作的，却分别涵盖了不同类型的主题、风格、方法、技巧、观察对象和内心思考。〔书中的一些简写代表以下意思：A代表我的女儿安娜（今年18岁）；E代表我的儿子埃里克（今年23岁）；D代表我的丈夫大卫。〕

最近，我一直为简·古多尔（Jane Godall）的“希望课堂”教授绘画。这是一个网络课程，是她的“根与芽”教育项目中的一部分。从中，我意识到原来画画竟然如此重要，它能够冲破种族、经济、国家、距离和语言的樊篱，在大家心中产生共鸣！我真切地希望自然日记可以把大家拉得更近，从而带领我们一起去看看我们与大自然的关联，看看这些关联是何其地牢固，又是何其地脆弱！

克莱尔·沃克·莱斯利

引言

我是家中的独子，童年是在一个乡土气息较浓的地方度过的。大自然恩赐了我唾手可得的玩伴和玩具。在我性格成形的那几年里，它们是我最亲昵的伙伴，与我志趣相投的大人并不多，而且大人们大多对自然界里的事物知之甚少。还记得，自己当时被一种叫做春雨蛙的叫声给迷住了，令我大吃一惊的是，竟没有一个大人能告诉我，到底是什么东西发出的那么大的噪音！有的大人说，那是海龟的叫声，有的说那是蛇的叫声，还有人说那是鸟儿叫，真是众说纷纭哪！

无奈，我开始自己寻找答案。当发现那些小小的、1英寸左右的青蛙鼓着泡泡糖般的喉咙"呱呱"叫的时候，我简直不敢相信自己的眼睛，当然还有耳朵。我抓了几只这样的蛙，装进罐子，然后带回家。起初，爸爸妈妈还拒绝相信这些小东西就是那"呱呱大合唱"的"声源"，晚上10点钟的时候，这些春雨蛙在罐子里面叫开了。于是，爸爸妈妈才信。可是，他们却把我从睡梦中叫醒，命令我立刻、永远地把那个罐子从屋子里扔出去。

那段往事一直深深地印在我的脑海中，挥之不去。当然了，还有许多往事同样令我终生难忘，只不过其中的细节早已模糊不清。要是当时我把那些自然发现和大人们的反应都记下来，该多好啊！我画过很多粗糙的画，现在也早就无影无踪了，大概当时随便扔进哪个垃圾桶了。

直到上了大学，才有人第一次鼓励我把自然历史观察详细地用野地笔记的形式写下来。那时候，老师传授的笔记方法十分传统、科学，但对于长期进行多种观察十分有效。时光荏苒，我渐渐地学会把这种正式的、科学的观察方法用在很多非正式的观察上面，其中包括提出问题指导未来观察，漫谈观察的哲学意义，还有思考周遭世界等。在以后的写作和艺术创作中，我的这些日记被派上了大用场，而且我相信它们还将继续发挥作用。

我一生的事业，就是集中精力培养自然历史老师和年轻的小"领队"。同时，我也热衷于繁荣居民们基本的环境文化。克莱尔曾激励过成百上千的人动手写自然日记，我们俩还一起给一些自然观察讲习班授课。同样作为日记作家的我们俩，相比之下，我更擅长写作，克莱尔则恰恰相反，她更精通绘画。对我来说，野外作业的主要任务就是认真仔细地观察，然后在日记里详细记录观察发现。克莱尔呢，她野外作业的主要任务就是画画，这样有助于她更专注地进行观察。她在细节上花功夫，我追求的是"完全形态"，是事物之间较大的联系，还有环境与具体事物和事件的因果关系。无论怎样，虽然我们的方式方法不一，但目的只有一个，即：读懂我们的大自然。

查尔斯 · E · 罗斯
"恰克"

第一部分

整装待发

3月25日 — 剑桥

终于盼到风和日丽的日子！

好天气竟然可以令神志、心情如此雀跃！

这里有蓝天，暖阳，还有会唱歌的鸟儿们，

11:30am. 禁不住诱惑，要将路边的“雪花”画在纸上。它们扫去冬日的一抹残痕，烟蒂和纸屑，翩然留下五朵珍贵的“雪花”……

身在这个世纪，我们不要奔忙。让我们驻足停下，关上那扇世俗的门，静静地坐在青青绿草上，回归自然的怀抱吧；放飞双眸，仰望一枝柳条，低看一丛灌木，凝望一缕浮云，或者呆呆地注视一片叶子……我深知这个道理：如果不画下来，即使风物再美，也是枉然。

——《看禅》，弗莱德里克·弗兰克著（Frederick Franck，*The Zen of Seeing*）

这天昏暗又阴冷,
我出外到一个老旧的
被荒弃的农场上散步。
马上就要飘雪了。
天空渐渐呈现出淡紫色,
还夹杂着一抹焦茶色。
这时,我看见了那头鹰
高踞在山胡桃树上
它全然不顾身上羽毛迎风狂舞,
只是定眼凝望
时光一点点地流走。
它,低旋在我头上,
眼中放着灼人的光,
倏地,它又飞走了,
径直冲向那房子和树林勾勒的迷雾里。
它的家在荒野。
我继续采集这冬日的色彩
可是,那苍鹰眼里的光焰
却久久不能忘怀。
1996.12.4
核林农场
欠尔蒙德,马萨诸塞
日出:6:57 am
日落:4:12 pm
*我们正在一年当中日照时间最短的时期。
—克莱尔·沃克·莱斯利
*山核桃的叶子
随地散落
它们此时已没了青涩味儿
*山核桃果实,里面的
果肉被啃去了一半儿
*这些种子
能让冬日里
出来活动的
动物们
填饱
肚皮

第一章

探索自然日记

> 随着那夜色愈深愈沉，我多么希望人们可以听一听那雪花飘落的声响……
>
> ——白隐禅师（Hakuin）
> 17世纪日本禅宗诗人

我们很多人都在探索更深层次地融入自然的方式，其中包括学习自然的形态，保护“借住”在自然界的“居民”，或者冥思生命延续的真谛。人类心智启蒙伊始，便有科学家们不辞劳苦、孜孜不倦地钻研，为的就是更好地了解自然，以及更好地认识自己。于是，他们中很多人拿上墨水笔、羊皮纸和画笔，挎上望远镜，走到户外去记录自己的见闻。他们无论男女老幼，也不论先贤圣人或者粗鄙村夫，都怀着对自然母亲无比的好奇，把自然笔记当作最亲密的伴侣。

在本书里，我们将告诉你怎样加入到我们两个中间来，加入我们的学生师长、同事挚友中来，从而去开启一段发现之旅，一段归属之旅，一段理解之旅，一段神奇之旅。我们的要求很简单，只需小小工具；人数不限，多可100，少可1人；环境不定，可以是繁华闹市，也可以是幽僻乡村；旅行路上充满无限可能，却没有考试，没有记分，着实轻松惬意。

探索开始

自然日记是你探索自然、融于自然的途径。我们两个，已经把写自然日记当作自己的事业，至于你怎样使用它，则完全在你；你在上面投入多少精力，也全凭你的兴趣决定。你是学校老师呢，还是自学成才充满好奇的自然观察家呢？是热爱自然的艺术家呢，还是喜欢描绘自然的科学家呢？或者，你只是个把自然当作弥合心灵伤痛，沉思冥想，渴望与自然融为一体的普通人呢？

现在找一张纸来，形状大小不限。找一支铅笔、标记笔或者绘图笔。深呼吸，屏气凝神，然后问自己：“在此时、此地、此时节，我住的地方，门外面是怎样一幅光景呢？”（你可以走到门外，也可以从门内向外张望。）画一朵漂浮的云，一只翩翩的鸟，一棵绿树的枝丫，一面青藤蔓布的墙壁，一株盆栽，或者一方百花齐放的花园。别忙着为自己的作品打分，因为你还不是艺术家。现在，你是个科学家，只记录看到的东西。现在静下来，让自己气定神闲，放慢呼吸速度，脑子里只想着“花苞”、“绿树”、“鸟儿”。放松时间不要超过1分钟，接着，写下画上的事物的名字，然后到下一

个“景点”去，不要脱离了相应的时间、地点和季节。

你已经在为自然写日记了！我们在第二章推荐了一些日记布局的方法；第三章介绍了各种不同风格的日记主题和技巧的范例；第四部分指导读者怎样提高绘画技巧和怎样教他人写自然日记。自然日记的优势在于它的个性化过程，以及很大程度上的自教自授性质，这些我们两个深有体会。自然日记的劣势，则体现在缺少求助资源上。随着人们不断地探索新的、更深层次地与自然接触的途径，自然日记，无论作为一种重要的教育工具还是一种个人的研究课程，它受欢迎的程度正与日俱增。如果它适合你，请告诉我们。我们创立了讲习班，并通过函授的方式鼓励你。同时，建议你多到本地的自然中心、书店、图书馆、大学里的环境研究院系、四健会(4-H Club，四个H分别代表：head，heart，hands，health；发轫于美国，意在发动青年手脑并用，身心均健之意)以及环保组织里走一走，在那里寻找意趣相投的朋友。他们会兴高采烈地说：“是的，我对云的形状有所了解”；“我在附近带领人们徒步自然”；“我教人们画野花”；“我也是，每当我花了5分钟画了些柳树、灌木、云朵或者叶子的时候，都感觉特别好！”

何为自然日记？

你在字典里找不到“写日记”(journaling) 这个词，因为这个词是我们发明的。我们把它 (journaling) 作为名词“日记” (journal) 的动词形式。简言之，自然日记就是规律地观察记录、认识、体会和感受自然，它是整个笔记自然的核心。记录日记的形式不限，可以根据个人的兴趣、背景和学问决定。有些人喜欢用诗和散文表现，有人喜欢用素描或彩绘雕琢，有人喜欢用相片磁带实录，也有人喜欢写歌礼赞。此外，有人原本就训练有素，因而偏好精确的科学速记方式。还有人喜欢借鉴他人的文章和思想激发自己的灵感。多数人则是综合运用所有方法，或者采用其中几种方法。

极具弹性的媒介

人类历史上，自然日记的魅力来自于它的灵活性。曾有人在某段时间列表观察鸟类；也有人在1平米见方的院子里计算、记录昆虫的数量；还有人记录月相和制作天气图表。你可以写诗，可以画画，可以仔细描

我从记事起就画画了。画画就是放好一张纸……用手在上面涂鸦，然后画面就会浮现在纸上——就这么简单。相比之下，写作是种痛苦，而且是极大的痛苦，会让你腰酸背痛。我自然可以只写文章而不画画，可画画能让我领会到更多的东西。同样，当我画画的时候，写作和学习也使我理解得更深刻。

——安·茨温格尔 (Ann Zwinger)

一只加州地鼠/坐在被砍伐
的古老橡树的树桩上/
凝望着我们。
它大约7寸长(18公分)
全身灰褐色，还有
一些深色斑点。

绘在海滩偶然发现的一只死鸥鹭。自然日记是你的，可以随心所欲地挥洒。本书要阐述的，不是某种所有人都要用统一方式去执行的法律行为，实际上，它研究的是如何开启一种个性化的生活。它只反映你周围的生活——你的经历、际遇、印象、观察，因为你被这些感动了，所以才要记录、回忆、研究和回味。

保持童心。到户外走走，或者透过一扇离你最近的窗子向外眺望。然后，问自己：“今天，外面发生了什么事？”把第一个映入眼帘的东西画下来。不要惊讶，你已经开始写自然日记了！

克莱尔初写自然日记的时候，她望着纸上的空白也是惴惴不安。她和朋友在奥杜邦的一个保护区的公园里，两个人像傻子似的到处乱闯。虽然对大自然一窍不通，但两个人都有一颗热忱的求知心。20年前，克莱尔在犹豫不决的时候，画了她的第一幅画：一株秋麒麟草上的虫瘿。她问朋友：“谁弄的这个玩意儿？”（她的这位朋友现在已经是

位杰出的自然观察家了，写过不少的作品。可在当时，他对虫瘿也是一窍不通。）

后来，二人发现一个田鼠窝、一些野兔的粪便和一些被咀嚼过的嫩枝。天空渐渐飘起了蒙蒙细雨，一只苍鹰在两人头上打着转儿。雨滴落在一株年长的覆盆子的树莓上，于是两位业余“自然观察家” 第一次有幸用这个 0.25 英寸的水珠镜片颠倒着看这个世界。

虽然时过境迁，每当克莱尔从书架上找出那叠日记，翻到那些最初的篇章时，她依然能回想起当初这些“发现”带给她的兴奋和快乐。出现紧急情况时，她总是先抱着这些日记跑出去!

自然的广义理解

什么样的日记才算“自然日记”？自然是由什么构成的？难道只是鸟、动物、植物和天空吗？很多人觉得黄蜂窝或者珊瑚礁就是自然。可是，黄蜂窝是黄蜂们从周围采集原料垒积起来的；珊瑚礁是水螅们在周围海水中提炼出石灰岩，再经过沉淀堆积而成的，这样做是为了保护它们柔嫩的身体。 同样，自然存在——人，也以相同的方式建造了房屋、道路和建筑物。

在小孩子的眼里，世界是新奇而美丽的，充满了希冀与刺激。不幸的是，我们很多人在长大成人以前，那双感受美丽和神奇的灵眼，就已经被蒙蔽或是变得黯淡了。

——摘自《感受奇迹》
(A Sense of Wonder)
拉塞尔·卡森 著
(Rachel Carson)

我们不妨这样假设：人类与其他动植物同属于大自然。既然如此，人类制造的、使用的器物就“自然”程度而言，与黄蜂的蜂巢和珊瑚水螅并没有太大差异。可能，一时间你很难接受人类也是大自然的一部分的事实，可我们的确是其中密不可分的一分子。人类活动为自然观察家们进行观察和思索提供了沃土。

这里有一点至关重要，所以必须提醒，即：个人日记写的是你对自己和他人的感受，自然日记记录的是你对周围自然界的反应和思考。后者没有前者那般私密，往往，它就是为了给他人阅读和赏析的。

追溯自然日记的历史

自然日记并不是一个新事物。实际上，它是反映大自然的最古老的方法之一。历史上，人们曾借助它记载狩猎

似乎，我们最应珍惜的，应该是那些司空见惯的自然景象——比如那些本地的、熟悉的地方，普通的鸟和动物，这是再自然不过的事情。然而，现实却正好相反。看起来，我们更热衷于那些珍稀的动植物、雄浑壮观的景象、还有那些遥不可及的地方。不可否定，两者都重要，因为它们分别满足了我们不同的需要。相比之下，我们的日常栖居地更迫切地需要我们的关注，部分原因在于它们变化的速度实在太快了，而且并不是总朝着好的方向变化。另外，与居住环境的互动还能令我们获益匪浅。

——教区地图计划
摘自1987英国伦敦

战斗、时光变迁、探险的成功或者村子里发生的瘟疫。先辈们或是把事件写在洞穴的墙上，蚀刻在木棒上，或者用漆涂在花瓶上或帐篷上，又或者费力地刻在羊皮纸卷上，无论怎样，自然日记就这样被流传下来了。当时，这些记录可能并不叫自然日记，可实质上，它们就是自然日记。船长的航海日志也是某种形式的自然日记，上面记录着天气、星象、飞鸟、人类活动和其他的相关事宜。你想没想过克里斯托弗·哥伦布是怎样向伊莎贝拉女王证明他到过“新大陆”的呢？他给她发电子邮件吗？他给她发传真吗？或者，他有照相机？都不是，他只有航海日志。自古及今，很多探险家都在探险征程中带上一名自然观察家兼艺术家。想想，他们为什么要带上这些人呢？

想想看，在经由密西西比河到太平洋的大探险中，杰弗逊总统为什么要雇用路易斯和克拉克？没错，他们谙熟探险，但另外一个原因是他们二人都一丝不苟地写航海日志，用它记述、描绘途中的见闻。他们的航海日志里有关那两年危险行程的精彩记录，时至如今，依然令我们望尘莫及。

在欧美国家，学生们都写一个“年度日记”来记载村子里或者草原上的人文自然生活。他们藉此了解自己生活的地方。这些日记扮演着“基础读者”的角色，上一代学生累积关于当地的知识，下一代学生则成为这些知识的领受者。

今天，有很多学校、自然中心和大学里的环境研究专业都回到本地自然环境研究上来，部分是为了抵制先前的外来或远方生态研究泛滥的局面，比如北极圈、雨林、沙漠和海洋之类的研究等。其中，“伦敦教区地图计划”，“国家野生联盟校园生态环境计划”，以及马萨诸塞猎户座协会的 “大地的故事与水域合作计划”，都积极地支持区域性环境教育。

研究表明：很多孩子都认为自然遥不可及，认为自然只存在于电视录像带中或《国家地理杂志》里面。写自然日记就是为了了解自己的生活环境，并随时随地、每时每刻地感受你与周遭世界的关联。

怎样变成一位自然观察家？

绝大多数优秀的自然观察家都不是在正式的课堂上获取知识的。相反，他们通过在户外进行直接观察，或者与其他自学成才的自然观察家们交流心得汲取经验。写自然日记的过程，实际就是培养自学能力的过程，同时挑战观察者把知识和经验结合起来。如今，“自然观察家”（Naturalist）一词已经淡出了教育体系。我们很多人对专家的名衔耳熟能详，比如肿瘤专家、牙医、物理学家、老化现象研究专家或者化学家等等。相形之下，自然观察家似乎成了老古董，而无人问津了。请大家别误会，我们自然观察家并不是赤身裸体、茹毛饮血的原始人！

我们不赞成现存的“过细专业化”的趋势。自然观察家研究自然的全部——包括它的岩石火山、白云潮汐、水牛小虫。他们是博物学家，是资格最老的科学研习人员。普林尼①、亚里士多德②、查尔斯·达尔文③、林奈④、奥杜邦⑤、巴斯德⑥、梭罗⑦、托马斯·杰弗逊⑧都是自然观察家。

自然学家总是带着一双刨根问底的眼睛去游荡。他们时而伫立不动，时而凝眸思考，时而又会注意起草原上的一株盛开的白头翁。这是一个古老的传统，老到可以追溯到亚里士多德时期，甚至更早：人类从那时起就开始观察、识别地球上成千上万的生命轮廓，并发掘彼此间的关联了。英国自然学家米里安·罗斯查尔德（Miriam Rothschild）说过：“对于那些热衷此道的人来说，活得再久都不够。”

——摘自《好奇的自然学家》
(In the Curious Naturalist)
美国自然学家、作家约翰海 著
(John Hay)
《国家地理杂志》出版

自然日记为谁而作？

我们很多人喜欢写自然日记，目的在于投进自然的怀抱，借机放松身心，享受安宁，暂时把日常的嘈杂纷乱抛到九霄云外。此外，自然日记还提升我们对人与自然休戚与共关系的关注程度，比如我们会注意一只蜻蜓婀娜地飞到城市的街上，一轮满月羞涩地挂在医院窗户上，一只蜜蜂懒洋洋地吸吮着金盏花蕊。我们还有更多的学术或科研目的，比如，在调研船上的学生用自然日记记录海上的观察发现，事后再把记录用于科学研究。公园的护林员把自然日记作为一种教

人们在匆忙中抽出闲暇
到郊外看鸟儿雀
一陌生人相视而笑
来缩短彼此距离。
观鸟儿人的
标准姿势：
将地图鉴
夹在两腿
之间！

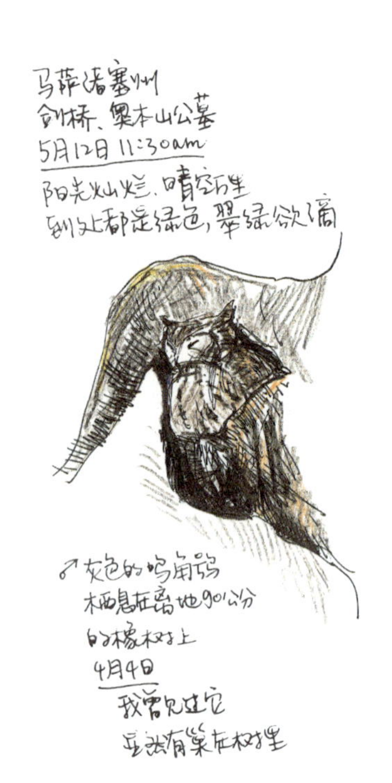

具，通过让孩子们写作、画画和学习科学知识，帮助他们集中精力观察自然。生物学家们在雨林里遇到稀有物种又不能采集的时候，便详细地画图描绘，从而证明自己的确见过这种植物。年事渐长的居民行动不便，不能外出，他们靠每个月透过窗子记录看到的变化，来接触自然。家庭成员们可以在旅行途中带上日记，沿途记录自己的见闻，并一起画素描画，贴上几片叶子、树皮残骸， 或者其他的“人工制品”来加深旅行印象。多年以后，他们依然可以重温那种发现的狂喜（这样要比摄像机或者一卷卷的胶卷便宜多了）。写自然日记会让你变得敏锐，而且在无意中制作了一张“记忆光盘”，日后便能回味那曾令你心旷神怡的时刻了。

发掘别具一格的表达方式

书写自然日记，能以最有益的方式向你挑战，并开拓新机遇。这样，可以让你发掘自己的创造力，以及更完整地表达自己对自然界的观察和体验。你可能觉得自己没有创造力，你对观察地点的选取感到无所适从。不用担心，没人会对你的日记指指点点。谁都会画云朵吧？试一下！云是千变万化的，你在书写和描绘的时候，其实就是在学习气象了！书写，是自然观察家们最主要的交流方式之一。随着日记越写越多，你就愈擅长用散文或诗歌勾勒“语言图画”。有时，你可以用简单直白的语言叙述事情的经过，有时也可以给观察润色，编织一个故事或者一首简单的诗来。当然，你也可以把日记当作词库，攫取措辞精美的词句并加以引用，从而创作出更加独具匠心的文章、故事或诗篇来。

雕琢业已成形的字词

同绘画一样，写作也需要持之以恒的练习。很多人通过写日记来改善和加强自己的写作技巧。这样做不仅可以更好地观察，还可以提高驾驭文字的能力，可以把日常的观察转化为字斟句酌、匠心独运的诗歌或散文。一些人通过这种方式使自己的文字变得愈发言简意赅，而另一些人

则丰富了词汇量，可以更加准确地运用词汇，并创作了写作史上的奇葩。

作画凝神

如果你静静地坐上一会儿，
就会听见声音从四面八方传来
包括鸟儿叫
只要坐着听上十分钟
就能听到一次禅公案[9]。

由于观察和绘画是相辅相成的，所以，在本书里，我们主要讲怎样把绘画作为主要的记录工具描绘自然。如果你参加过绘画入门课，可能就理解第一次坐在草地上仰着头画树的真实感受了。画画有助于观察，它要求你——观察者，聚精会神地注视所画的事物，留心它的形状、纹理、表层和它与周围空间的关系等细节。起初，你还不是优秀的艺术家，可以先画个简单的贝壳看看。试试看，一试便知!

然而，画画有时也会束缚观察。它会让观察变得狭隘，使你只受它摆布而一味地注意有限的几种事物。于是，你可能就会忽略事物与事物之间、乃至事物与周围环境之间的联系。为了扬长避短，请切记：在真正的观察中，事物发生的环境是必不可少的。比如，你在沙滩上捡贝壳或者把其他的海洋生物作为描绘的对象，这时别忘了观察潮水高度、沙滩类别（比如是平缓的沙滩，还是崎岖的山岩？海岸是宽，是窄？）、天气状况、附近的鸟类、气味、声音、波浪的远景、船舶、乌云，甚至要留意自己飘忽的思绪和情绪波动。

绘画有别于其他的技巧，它为日记增添了一个鲜活的元素。很多人认为绘画是一种有用的速记形式，比起写作来，它更加省时易行。然而，同所有其他技巧一样，绘画水平也需要不懈的努力才能提高，这同你得好好练习、训练，才能成为优秀的篮球队员或者高尔夫球手是一个道理。你可能觉得早期的画作十分粗糙，但是，随着你越画越多，技艺突飞猛进，你一定会为自己的进步惊讶不已的。一群9年级的学生在上生物课时发现，把松鼠从一枝树杈跳到另一枝树杈的动作画出来要比用文字写出来快多了。

写自然日记的益处

写自然日记，是与自然重建联系的一种相对简单的方式。你只要花些工夫在自然界里走一走，看一看，然后借助日记反映一下即可。另外，写自然日记还是与自然“厮磨”的一个好借口，比如：借此机会你可以观察一下天气变化、时间流转和季节变化带来的种种征兆。一旦你敞开心扉，安宁、祥和也会随之而来。一天中，只要抽出一点时间与自然独处，你就能体会到“独在之趣”，整个人会焕然一新，精神也重新变得专注，而且觉得更有信心驾驭一天余下来的时光了。在某次户外研习结束后，一个8岁的孩子在自然日记中欢呼道：“天哪！我度过了如此精彩的一天！”

很多自然日记学家发现，在经历了一段没有自然日记的日子后，他们会非常想念它，那种感觉像是一种饥饿，于是他们迫不及待地要找到一个空间可以让他们坐下来，或者漫步、画画。我有个学生是个医疗急救人员，她常在救护车里放一本克莱尔著的《素描簿里的叮咛 —— 一位自然观察家

自然赋予我们许多简单的乐趣——光与色的嬉戏、空气里的芬芳、阳光洒在肌肤上暖暖的感觉、生活躁动的节奏——这些，只要我们多留意就能拥有。留心生活，作为一种代价是微小的，可带来的乐趣并不小！虽然如此，在一个人造刺激和人造快乐泛滥的时代，哪怕这个小小的代价，很多人都不情愿付出。我呢，却是有意识地选择享受大自然的乐趣。我情愿平息内心膨胀的物欲，把那些计划啦、生意啦撇在一边，从而停下去撒播时间的种子或者简单地把自己交给大自然。

——摘自《大地的女儿们》
(SISTERS OF THE EARTH)
洛兰·安德森 著
(Lorraine Anderson)

的日记》（*Notes from a Naturalist's Sketchbook*）。每当她受到惊吓或者承受巨大的压力时，都会掏出书来去看看书里描述的那个救护车以外的世界。这样，她就不会心神不宁了。现在，她希望通过自己的文章和画作获得那种惬意。

让时间放慢脚步

在今天这个熙来攘往的世界里，若想放慢时空的节拍、细细地观察和品味每一天，恐怕并不是件容易的事。值得庆幸的是，自然日记给了我们这个机会（也是一个借口）。每天10分钟也好，每周1小时也罢，总之，我们终于可以全身心地投入这个世界，并自我反省了。同时，自然日记还为我们支起一个框架，在这里，我们不仅可以仔细地观察自己的生活，还能研究其他人、其他动物的生命轨迹。由于这种靠观察得来的知识可以提升我们对世界的洞察力和兴趣，所以就更加令人欢欣鼓舞。

有时候，克莱尔会在散步途中收集一些东西，比如树叶、种荚、某种野生植物有趣的顶端、散落的羽毛等。当户外条件不允许画画时，她常常把东西装进衣兜带回家。晚些时候，她把东西摊在壁桌上，直到抽出10

靠自然日记增长知识、提高技巧

- 兼具科学、美学的观察能力
- 创意写作、技术写作的能力
- 布局、并演示自己想法的能力与观察的能力
- 认知、分析能力
- 提问能力、发明创造能力与综合能力
- 思考、沉默的能力
- 沉思的能力、专注的精神、抚慰伤痛的能力
- 深层品味自然和空间的能力
- 与家人分享的能力
- 找到自己的心灵所属，学会对新事物敞开心扉
- 自信、与自我表达的能力

9月13日 剑桥·奥本山公墓

10:00am 阳光灿烂 空气干燥
几乎没有湿度
九月像往年一样，循规蹈矩地来了。
孩子们都回学校上学去了。
天空蔚蓝如洗，树叶稍有点变色。
田里的蟋蟀和雪白的树蟋蟀
高声地叫着，叫声此起彼伏。
乌鸦、知更鸟、蓝雀"叽叽喳喳"地
快活地说着话。
昨晚，我一路由佛蒙特驾车而来。
这可是一次美妙动人的旅程。
清晨六点，太阳刚刚爬到山顶，
周围一切就被染上了一片瑰丽的红色。

克莱尔与奥本山公墓的渊源

克莱尔的很多画作都是在奥本山公墓创作的。1831年，一个刚成立不久的马萨诸塞园艺协会建立了这个公墓，它被誉为“美洲第一花园公墓”。公墓占地172英亩，幽谷、林地、小树林和池塘星罗棋布，环绕在周围。这片公墓（如今，这里的墓地对外开放）与植物园交相辉映的风景区，距离嘈杂的马萨诸塞剑桥市的哈佛广场不远，它是众多鸟类、野生动物和人们的“避难所”。

克莱尔曾说：“多年以来，我不断造访这片人工创造的荒野，它仿佛一颗熠熠生辉的红宝石。年复一年，我来这里画画、冥思，并感触生命的脉搏在四季轮回里跳动。

“这对我太重要了！从剑桥的家一路走来，我只花6分钟就能融入这片‘与世隔绝’的桃花源。花园里的蜘蛛敏捷地结着网；灰猫嘲鸫（俗名，猫鹊）尖声嘶叫着，捍卫自己的领地；笨拙的小考拉熊懒洋洋地靠在树洞里不出来；红尾巴的苍鹰振翅翱翔。它飞得很低，所以我完全可以快速地把它画下来；当然了，最惹人注目的还要算那著名的‘啭鸟仪仗队’了，每逢春天，它们必然拍着翅膀飞过这里，这也是我不住地故地重游的重要原因。

“就像朝圣者做礼拜一样，我常来这片郊野祈祷，祈祷自己一直可以在这里观察和描绘自然。”

如果您想阅读更多关于地域归属感的文章，不妨读一下加里·内汉姆（Gary Nabham）的《童年的地理》*（The Geography of Childhood）*，蕾切尔·卡森（Rachel Carson）的《感受奇迹》*（The Sense of Wonder）*，或者大卫·索贝拉（David Sobel）的《孩子们的天地》*（Children's Special Places）*（见“推荐阅读书目”）。

一只家鹪鹩，正在鸣叫！
在听了一个夏天的峡谷鹪鹩、
仙人掌鹪鹩、卡罗莱纳鹪鹩
……
我对它的叫声都陌生了。

分钟到15分钟把它们画下来。这是克莱尔的“晚间作业”，就像洗衣服、洗碟子和做书案工作一样有规律。幸运的是，克莱尔在和家人闲谈、看电视、甚至通话的时候，也能挥上几笔。我们中有多少人抱怨自己“没时间”啊？其实，只要我们真心想做，就一定能抽出时间来！在日历上拟定一个时间表，比如晚上9点到9点15分，周二或周四的下午5点半到6点45分，把这段时间专门用于画那些收集来的东西、夜空、瓶子里的花儿、孩子熟睡的脸庞或爱犬。相信你定能从中获得安宁。就拿画一个简单的贝壳来说，你可以趁机倾听周围的动静，思考一些道理或者静静地享受与自己独处的快乐。

感味归属

自然日记有助于培养真正的地域归属感，并让人们洞悉自己在某片土地上的特殊角色。现今世界里，人们仿佛过眼云烟般，不断地从一个地方飘到另一个地方，所以，人们通常是对自己居住的地方知之甚少，或者极少思考。以下这些问题，比如：这片土地是怎么形成的？除了人以外，还有什么其他物种住过这里？早些时候，哪些人住过这里？它是怎样变成现在这样的……这些问题恐怕从没入过他们的脑子。我们很多人都住在城里，所以很容易忽略这一点，即：城市也是自然界的一部分。我们忘记了抬头仰望那湛蓝的天空，忘记了感受那温暖的阳光，忘记了留意屋檐上的鸟儿。纵然，我们有人幸运地住在乡下，或是经常造访那里，也常常因为要在车上奔波而忘记了抽出时间去看看四周的风景。

11月3日 星期一 10:30am

（奥本山公墓）＊在凯尔特的新年以后星期天的大雨过后，太阳破云而出，带给我们一个和煦的艳阳天。

的哒一的哒一的哒哒

王霸鹟这样叫着悠哉悠哉地飞过池塘。

这些天来，人们越来越多地谈论起保护环境的事情。一方面，环境承载着人类形体的重负，所以为了自己，我们必须保护它。另一方面，人类也需要精神上的支持，而这种支持只有特定的地方才能赋予。

任何一个地方都是整个大环境的一个组成部分，而每个地方又都被不同的情感占据。如果我们把大地看作维系生命的体系，那它就是我们所说的环境；而如果我们把它作为维系人性的源泉，那它就是那些特定地方的集合体。

我们会对某地害上“乡思”，会不经意地想起它，想起它的声音，它的味道，它的景色。它令我们着魔，而我们也会以它来衡量自己的现在。

——摘自《感味归属》
(A Sense of Place)
艾伦·姜索 著
(Alan Gussow)

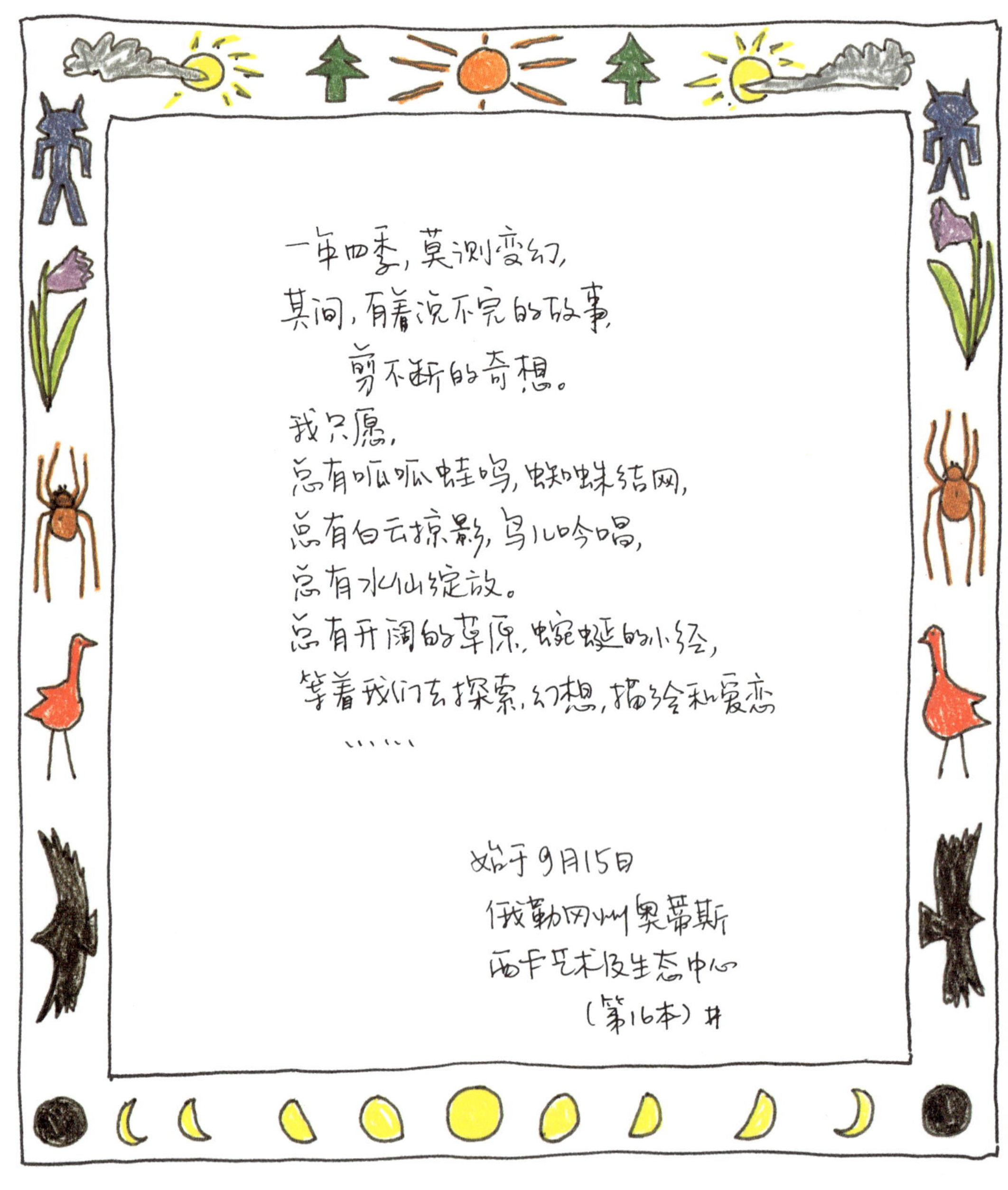

注释：

1 普林尼(Pliny)，古罗马学者。

2 亚里士多德(Aristotle)，古希腊大哲学家，科学家。

3 查尔斯·达尔文(Charles Darwin)，英国科学家，著作有《进化论》，被称为生物进化论的奠基人。

4 林奈(linnaeus，1707—1778)，瑞典博物学家。

5 奥杜邦(Audubon)，美国鸟类学家、画家及博物学家。

6 巴斯德(Pasteur，1822—1895)，法国化学家、细菌学家。

7 梭罗(Thoreau)，美国作家，著作有《瓦尔登湖》。

8 托马斯·杰弗逊(Thomas Jefferson)，曾任美国第3任总统。

9 禅公案：佛教用语。禅师考验或印证弟子悟道的对答。

第二章

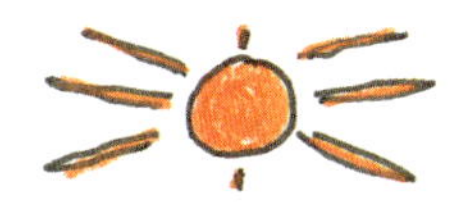

动手写自然日记

该选择哪种笔记本，怎样使用，这些都由你自己决定。为自然写日记的工具可以简单素雅，可以花哨繁复，也可以根据自己荷包的肥厚量力而为。如果你的素描画作颇多，不妨考虑买个小开本的硬皮素描本，因为它们表面光滑，而且整页都是空白。美术店或文具店里有开本不一的硬皮素描本。如果你倾向于把文字作为主要的观察方式而且不介意笔记本的条格影响作画的话，那不妨选带格子的本子，比如硬皮本或活页日记本。如果你尚未准备就绪，不适合立刻使用硬皮本，或者当你和团队一起工作的时候，不妨把一叠散张纸固定在一个带纸夹子的夹板或硬纸板上。只是，事后要小心翼翼地把写完的日记按时间顺序放进文件夹或者散页本里，这样便于以后查阅，而且还能回溯自己的知识和记录风格的“进化”过程呢。当然了，你也能在脑海中再现户外四季循环带来的点点滴滴的变化。

在日记的字里行间……

我们能够更好地读懂世界的“肢体语言”，比如：每个季节的总体印象、衡量压力的尺度、一幅风景的绚丽色彩、一方园地的斑斓或者一只猫咪的活泼；又如城市街道上的某种超然的氛围，或是后院那只知更鸟儿撕心裂肺的哀鸣中的寄托……

——摘自《落叶径痕》

(*A Trail Through Leaves*)

汉娜·亨希曼 著

(Hannah Hinchman)

简化的自然日记工具

日记本类型的选取往往与你偏好的组织日记的风格密不可分——初学伊始，你可能还察觉不到。商店的架子上摆满了装帧精美迷人的本子，内页里通常还有短小精辟的格言。我们建议找那种最简单、最便宜的本子，然后自己添上美丽的图画和名言警句。现在，很多学生都写日记，这有助于培养规律性写作的好习惯。可悲的是，等到6月放假回家，孩子们的日记里只有稀稀落落的几行字。学生们的课程排得满满的，老师们也忽略了督促学生们写日记。在这里，我奉劝各位学子，一定要用上日记本，不然空白的纸页要对你们怒

目而视了！

克莱尔喜欢用空白日记本（8.5x11英寸的那种，约92页）来记录季节变化，每年一本（她把这些日记整洁地摞在一起，20年后它们就变成了珍贵无比的资料库，长期用作教学、绘画和写作的参考资料）。如果是短期旅行或者在家里写日记，她会使用开本不同的本子，有2x3英寸的，有7.5x8.5英寸和6x9英寸的，也有11x14英寸的。

恰克则不然，他更随心所欲。他以研究对象为基础写日记，比如，特殊自然历史研究，相似对象的研究旅行，大胆想法的深入研究等。有时候，每个日记本只用于一个课题的研究；也有时候他在一本书里同时研究几个课题。与克莱尔一样，他也倾向于用硬皮本、空白素描本或者带条格的笔记本作记录。

如果你真的需要随时使用日记本，那很可能本子在背包里被

初写自然日记所需的工具：

对小孩子和上年纪的人来说，在尚未确定自己写自然日记风格的时候，平滑的8×11（A4）的白色复印纸十分适用。把学生们的画作分别装入单独的文件夹里，这样便于他们以后进行修饰、签名或者带回家。学生们的画作会因他们的年龄、主题和所需时间而有所差异。

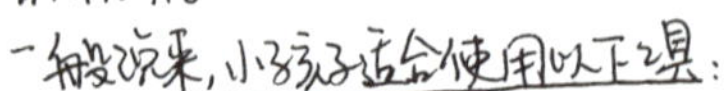
一般说来，小孩子适合使用以下工具：

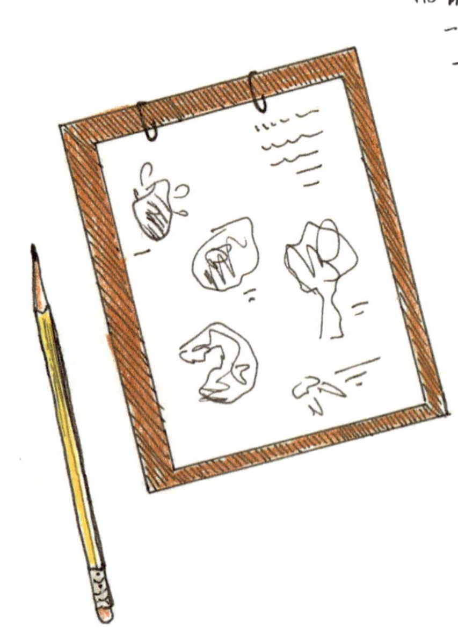

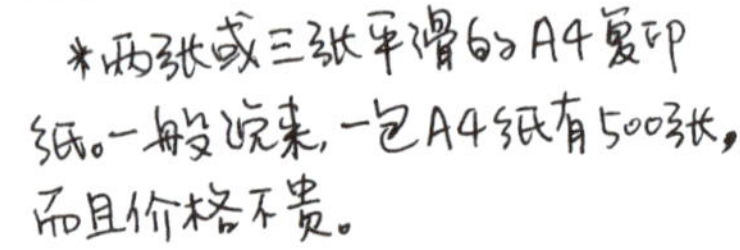
*两张或三张平滑的A4复印纸。一般说来，一包A4纸有500张，而且价格不贵。

*一个可以放画纸的坚固靠板。靠板可以是硬纸板、课本，或者夹板，然后在上面放一个纸夹子。

*铅笔（多带一只，以防掉落）。圆珠笔和毛毡尖笔也是不错的画笔。

*一个收集物品的书包，以便装那些要在室内进行观察和描绘的东西。只收集那些掉落的东西，不要把植物连根拔起。只收集那些允许收集的东西。

*穿时令的衣服——像雨衣、暖和的夹克、靴子等。

揉皱，被遗落在雪地里或者丢在朋友家里，甚至有时被溅上意大利面或咖啡的污渍。有些人甚至把各种不同颜色的纸张粘在日记上作为备用纸；有些人还可能先画在别的纸上，然后剪下来贴到日记上。总之，写日记的方式是多种多样的。不过，如果你什么都不写，那么日记里也必然空空如也。

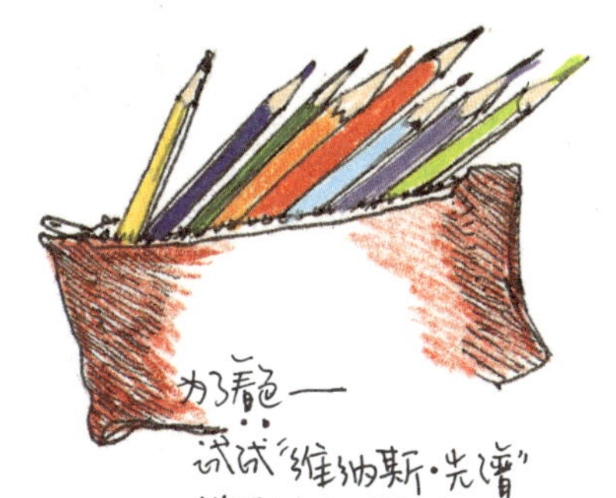

为了着色——
试试"维纳斯·先锋"牌彩色铅笔，或者"伯罗"牌彩色铅笔。也可以尝试一下"德温特"牌水彩铅笔。
配上一个笔刷，
就能画出很好的水彩画来。

克莱尔会在口袋里放上一个3x5英寸的便条簿。如果恰巧觑到某只鸟从朋友窗户前飞过，或者发现孩子们兴致勃勃地盯着路上的一只青蛙，她会立刻撕下一张纸当场作画。回到家后，她会把素描粘在日记本上，然后添上时间和地点。

钢笔和铅笔

有人可能对某支钢笔或铅笔情有独钟，借助这支笔，他能够写出最优美的文章或者创作出最赏心悦目的图画来。大家要不断试验，直到找到轻重适中、形状与笔道粗细都合自己心意的那一支笔，另外还要注意书写是否流畅。钢笔和铅笔在质地不同的纸张上，甚至握在

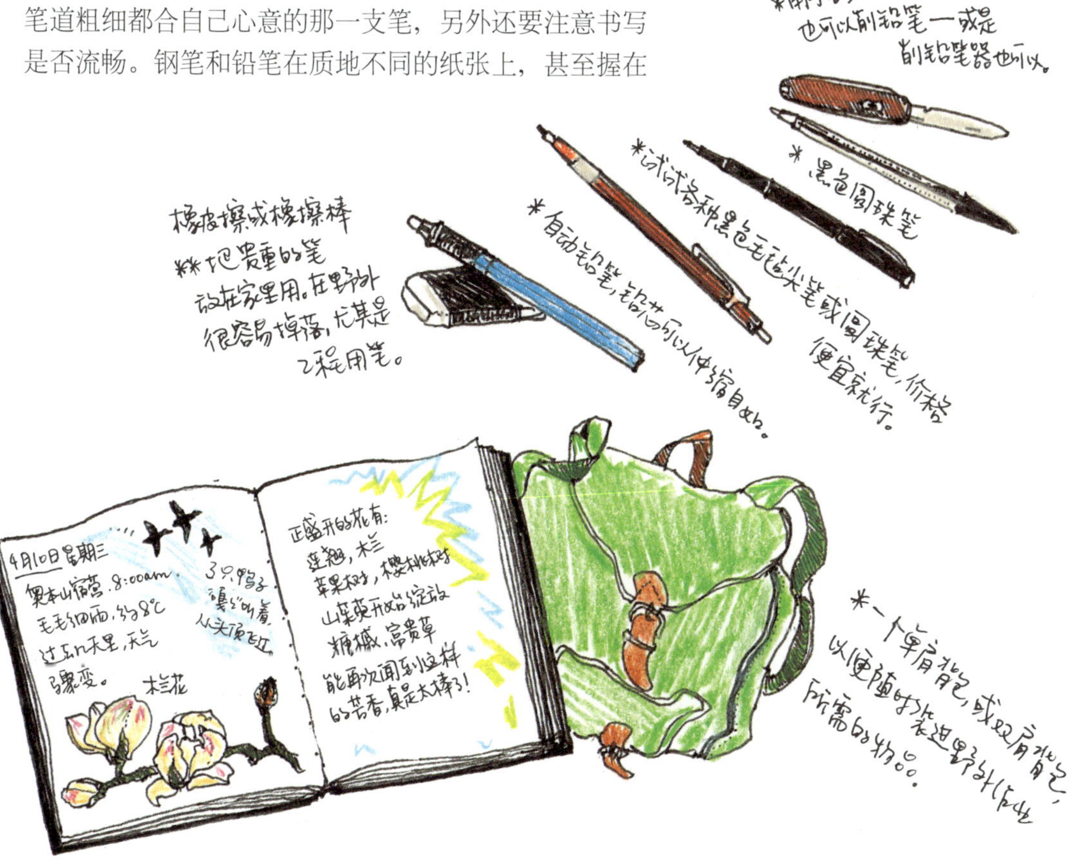

不同人的手里，效果也会迥然不同。由此可见，适合我们的未必适合大家。

铅笔的种类繁多：有HB(坚硬，适合画植物的硬挺线条)、2B(相对柔软，适宜画植物和鸟类)、3B(十分柔软，适宜画鸟类和动物)、4B、5B、6B（浓黑柔软，适宜画风景、调节色调，但是会污染画面，因此必须喷定色剂才行）。如果你用铅笔，还需要准备一块优质的橡皮或者橡擦棒。

削具的质量不一。最好用小刀或者电动转笔刀。自动铅笔在户外作业中十分奏效（最好选用2B或3B的铅芯）。铅芯无需打磨，而且不易在铅盒内折断。铅身细，可让你在苍鹰振翅飞过的一瞬间当即作画。

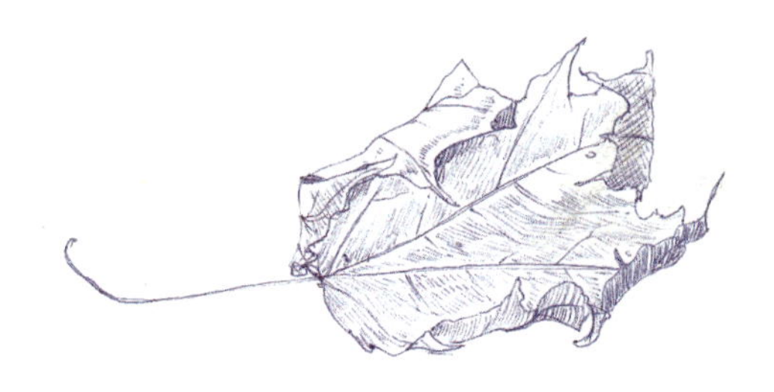
蓝色圆珠笔画的

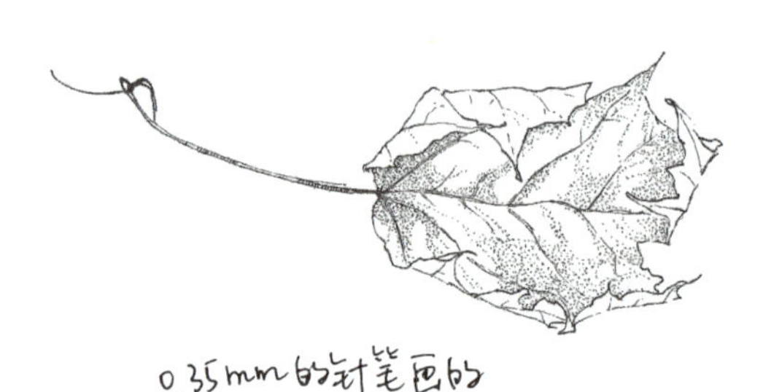
0.35mm的针笔画的

自然日记的第一页

如果能在写自然日记之前首先明确自己的动机，那一定对你大有益处。或许你别无他求，无非是了解一下周围的生活环境，观察、记录一下每天的天气，或者记述一下本地某个沼泽地的居民们的生活面貌。你越频繁地使用日记，就越有可能改变初衷，并且新的目标会渐渐地冒出头儿来。多年来的教学经验表明，每位新的自然日记作家书写自然日记的风格都略有不同，而他们的目标却始终如一，即：认识自然、愉悦身心、自主学习并从中得到满足。

开始时，如果你担心自己的绘画水平、写作水平不够，不妨采用我们编排的这套“日记入门”模

百乐牌超细毛毡尖笔
所画，部分用水彩

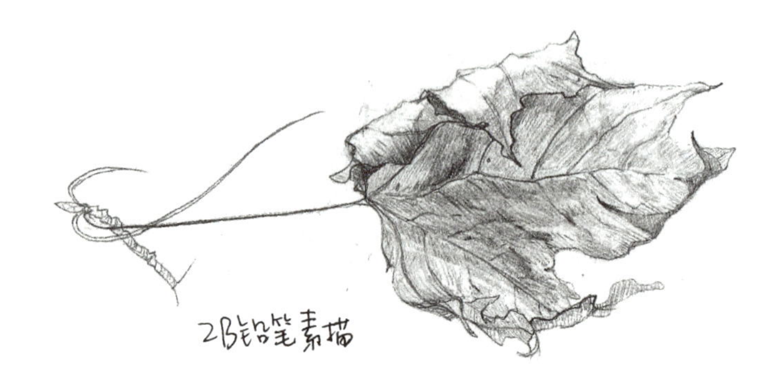
2B铅笔素描

式，希望对你有用。这套模式老少皆宜，6岁到90岁都适用。我们鼓励你按照书中的顺序练习，见第22页。这样，既可以减少写作或绘画带来的障碍，也能让你在纸上挥洒自如，甚至还能让你开始跳跃性的思考。鉴于大部分人的工作时间有限，我们设计的入门练习只花费45分钟左右：15分钟室内课，30分钟户外课。

观察活动可以单人进行，也可以集体进行。当然了，个人独自观察让人有更多的时间思考；而另一方面，在集体观察中，你可以比较每个人选择描绘的不同事物，并享受这种比较的乐趣。

请记住：在入门阶段你只是个科学家，正在进行简单线条的记录性描绘，没有人会指导你该怎样画画。只要不断地练习，你的艺术天赋就会得到淋漓尽致的发挥。（但是请记住：学做任何其他的事情，比如绘画、弹钢琴、读书、开车等，除了针对性的练习以外，还要有别人的指导。第九章有绘画练习。）现在，请画上一页看看效果如何。本书里的很多画都是处女作。

推开观察之门

要记录你的所见所闻了，准备好了吗？虽然日记格式不可胜数，但我们习惯采用以下的格式：

Ⅰ 基本信息

在每页的右上角或左上角，分别记录以下各个细节。文字或图示皆可，只要大方顺眼即可：

1.姓名 如果你还没在硬皮本的封面上写下名字，或者你用的是散张纸的话，请记得标上姓名。

2.日期 日期有助于判定季节、月份和年份的相对关系，比如：春天，郊外万物呈现出怎样的景色？冬天又发生怎样的变化？

3.地点 你住在哪个城镇？哪个州县？比较环境迥异的地方，体会什么是“家”。这里是否与某个亲戚、朋友住的地方相似，而与在照片上看到的或游历过的某个地方不同呢？

1. 塞姆·奥斯汀
2. 10月5日
3. 马萨诸塞的布朗
   初级小学，
   阅读
4. 9:30 am
5. 多云，清风习习，凉爽
   宜人，约13°C
   月亮渐渐变得圆满
   日出时间：6:40 am
   日落时间：4:38 pm
6. 叶子正变色。
   秋天里的花开。
   昆虫有蟋蟀、苍蝇、蚂蚁，
   还有鸟儿、松鼠，
   秋天里植物的种子
   坚果、水果，
   我听到的声音有
   树叶飘落的声音
   风儿吹过的声音
   鸟儿歌唱的声音
   人们的脚步声
   汽车的声音

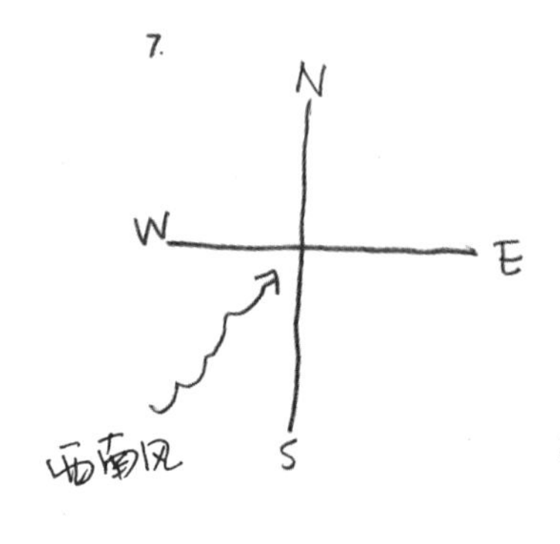

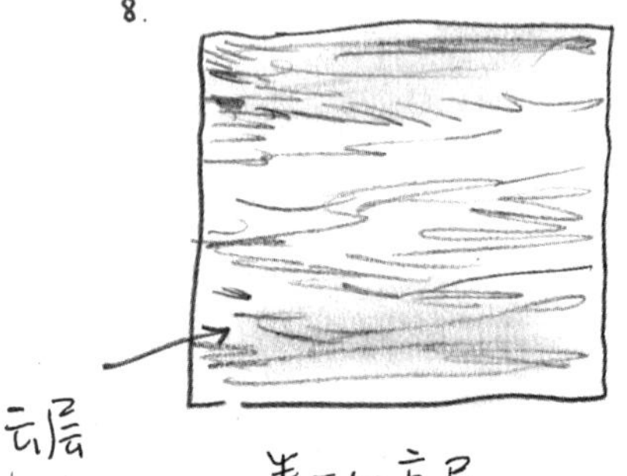

4.时间 无需盯视钟表上的精确时间，“清早”、“临近中午”类似的时间词足以。动植物的行为与光照条件是密不可分的。观察一下凌晨2点户外有什么动静？与下午2点、早上6点或晚上6点相比，有哪些显著的区别？

5.天气 天气状况会影响大多数生物的活动，所以要记录以下的天气因素，比如：气温（影响动植物的活动频率和生长速度）、气压（影响动物的行为和活动；作用于气团促使天气变化）、月亮的阴晴圆缺，太阳的东升西落（这些信息可以在地方性报纸或者“老农历”上找到）。记录这些数据有助于察觉某月或者年度的天文周期。有些植物只在日照较长的时期开花，有的植物则在日照较短的时期绽放。秋麒麟草只在夏天将尽的时候开花，而水仙在早春时节就开始争奇斗艳了。一年里，鸟类和动物们的求偶婚配除了受天气状况的制约以外，还与光照次数和光照质量息息相关。

6.第一印象 一旦置身户外或者要去漫步，不妨先沉静片刻，让自己心无旁骛。然后，屏息凝听，记录这时听到的动静。这有助于提升状态，从而以最佳的面貌进行观察和描绘。描绘之前，先开动脑筋想一想或者先在纸上勾勒出自己希望观察和描绘的目标，比如：含苞待放的花朵、各种各样的昆虫、还是婉转歌唱的鸟儿？

7.风向 用指南针定位并标示出东南西北，然后观察旗帜或者自己头发的飘向，并添加风向标。

8.云相和云量 云相可以用笔勾勒出来；云量可以按以下的方法描绘：先画一个小方框，接着在方框里画出看到的云相或天空的模样，最后在方框下面加上一小段描述天空的文字。如果你了解有关云相的专业词汇，请添在下面，比如，层云(分层次的云)、雨

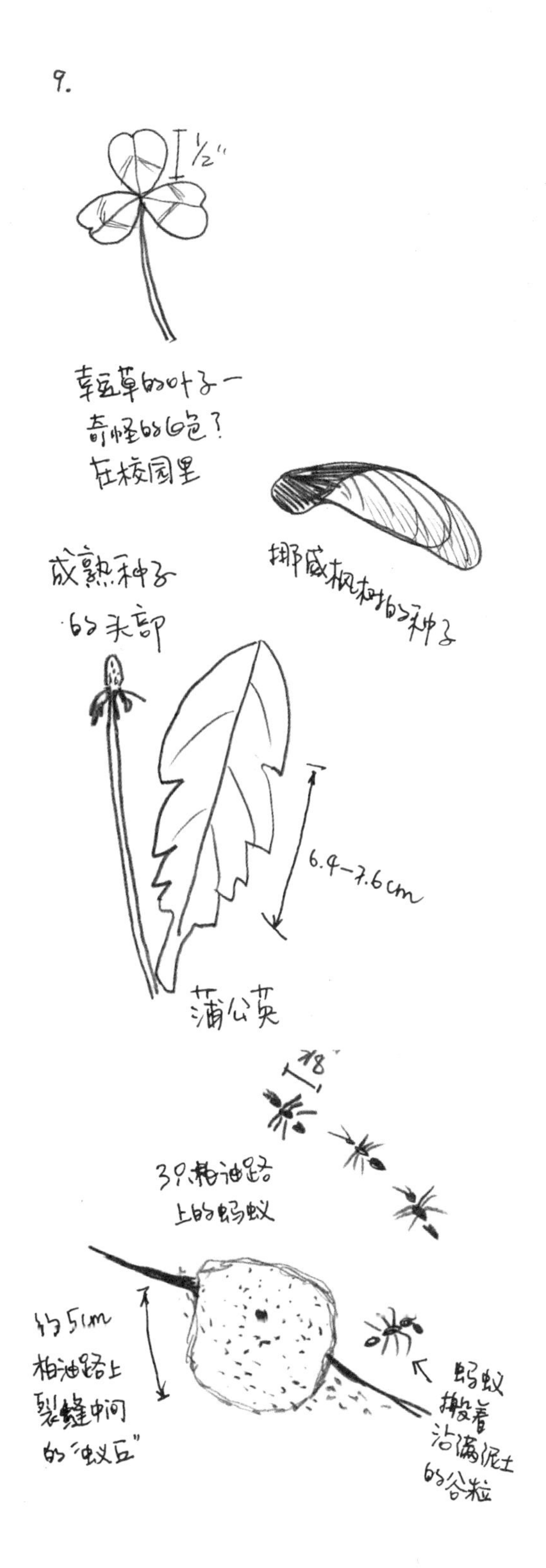

层云（会降雨的云）、层积云（松散、膨胀的云层）、积云(松散，膨胀，体积大)。如果能看见月亮，请画下来。文森特·谢弗（Vincent Shaefer）的《大气图鉴》（*Field Guild to the Atmosphere*）是本不错的参考书，详见“推荐阅读书目”。

Ⅱ 着手作画

作画伊始，以下顺序有助于观察。你或坐或立，这些模式会培养从不同距离观察周围世界的习惯。

9.地面观察 泥土是随处可见的，即使有些地方铺上了沥青或水泥也不例外，不信你四下望一望。有些物体需要走到近前才能轻松地观察，比如：树叶、花朵、昆虫、岩石或者蚯蚓的“排泄物”。尽可能按实物的大小进行勾勒。这样画上两三件东西后继续前行。如果知道它们的名字，不妨一一注明。每幅作品耗时不应超过5分钟。如果你能对自己的身体部分做出尺寸判断，比如：大拇指的最后一个关节大约1英寸，前臂大约17英寸等，会有助于对目标的大小长度进行判断。倘若你想进一步研究，不妨试着给每件事物都提出一个问题，比如：它怎样到那里的？冬天它去了哪？在其他的自然环境里，是否也能找到它的踪迹？

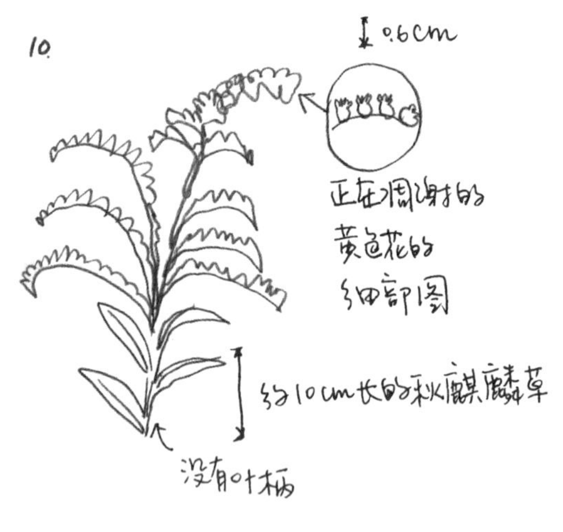

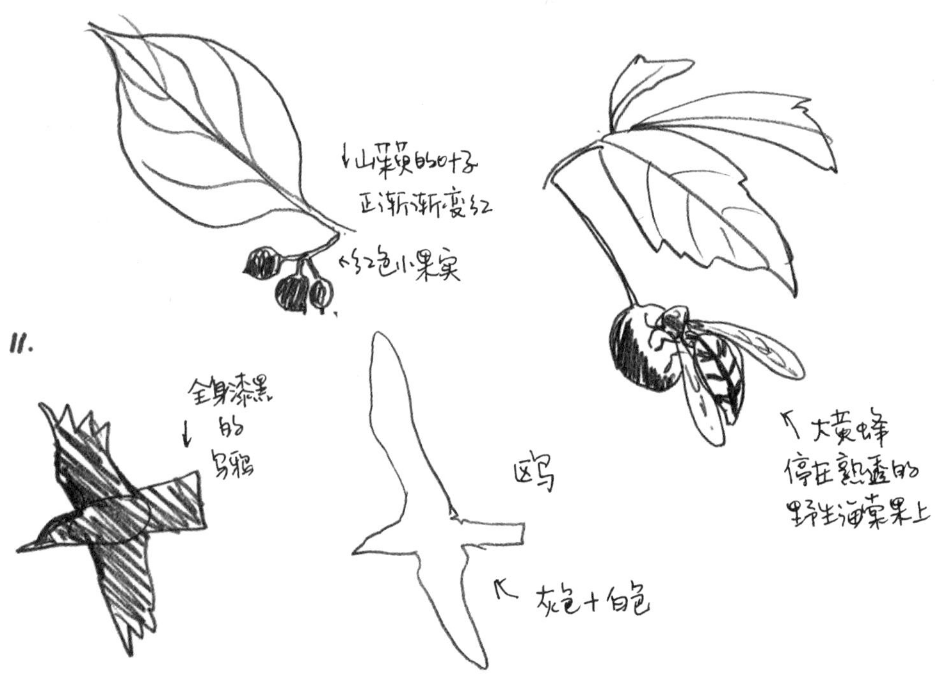

10.**眼高观察** 站起来，随意走动走动，然后把看到的与视线平行的东西都画下来，比如：奇异的叶子啦，高耸的植物、灌木啦，低矮的鸟巢啦，伏在植物表面的昆虫啦，鸟儿啦等等。这时，你无须为能否生动地勾勒它们的形象而烦恼，只要记下它的名字，并描述出它们正在做什么或者属于哪里即可。

11.**头顶观察** 抬起头，选一棵树来画，落叶树或常青树均可。天空永远是变幻莫测的，不妨把它变幻的颜色写进日记里。天空中可画的东西不可胜数，比如：飞翔的鸟、昆虫、飞机和飘飞的雪花等。画一画天空中的白云，把形状变化的过程也画下来。如果月亮没有躲进云层，一定记得把它画下来，并注明月相。写一些文字，描述一下自己仰望天空时的感受。

12.**全景观察** 画全景画时，你可能觉得无从下笔。这时不妨先把整幅风景分割成若干简单的“风景块”，然后注明这些“风景块”里都有些什么（参看184-185页关于画风景的细节）。风景轮廓要尽量画得简单，最好像统计表一样。注明所画事物名称，这样就能知道画的是什么了。

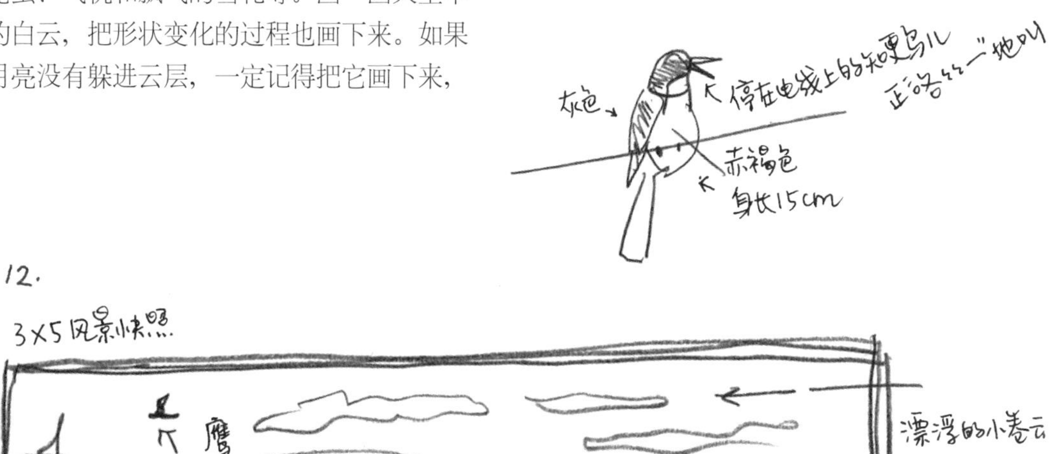

观察不辍

倘若你有更多的空闲，就应不懈地观察和画画。让自己跟随好奇心的牵引，这样就能找到自己要描绘的东西了——它们可能是形状各异的叶子，可能是某种不常见的昆虫，可以是新鲜的种荚或者枝条上停落的鸟儿，也可能是不期而遇的动物的脚印。正如一个学生说的：“天啊，我竟然不知道这里有这么多的‘自然’！我得用更多的纸才能把这些都画下来呢！”听了他的话，我相信你定有同感！

聚精会神

在走进户外之前，不妨先做一些特定的练习活动来培养情绪，然后再去观察、记录和思考。以下是几个建议：

独自一人或与其他人一起集中讨论“什么是自然观察家”。思考自己写自然日记的目的，与其他的人生理想有什么关联。

画一个流程图或者网链图（显示各个主题之间的联系，参看201页范例）。流程图或网链图可以罗列你的想象，包括：走出户外你能遇见哪些景物，看到了哪种树木、哪种灌木、哪种花鸟、哪种云相、哪种虫子以及哪种天气。

把写自然日记当作一次探宝历险。问自己：门外会是怎样的一番世界？我能找到什么宝贝？一旦置身户外，你会发现原来有那么多的东西等着你去写、去画！这时，你定然觉得惊喜无比。

时刻提醒自己：写自然日记只是为了学习、观察、记录和自我欣赏；只是为了愉悦身心，陶冶情操，而不是为了完成某种艺术训练或者考试。

想想，自己多希望对居住环境有进一步的了解，多希望能与他人分享这种认识。定期造

访大自然不仅会令大地光彩夺目，你本人也会显得容光焕发。随着对自然、对大地的理解日益深刻，当你为保护自然发言时也会变得格外雄辩。

学会名副其实地观察

观察是自然日记的核心。没有观察，就无法记录自然日记。的确，人们可以记录一些天马行空的想象，但是观察记录强调调动所有的感官，并通过观察事物的表象去感受它的实质。观察让人大开眼界；看、听、嗅、尝，感受得越多，理解就越深刻。那些原被视为“孤立”的东西，也会因为观察得越多、越深刻而变得熟悉、亲切起来。不仅如此，你还能发现它们之间的关联。探索事物之间的联系是其乐无穷的，只不过，若要充分调动起所有感官和灵感来，还需具备专注的精神和不达目的不罢休的韧劲儿！

你愈是专心致志地观察，就愈能“抓”住景物。恰克建议人们从观察静物开始，从中寻找动物们生活和活动的蛛丝马迹或者这片栖息地上以前的生命迹象。听鸟类或昆

“看”和“画”可以合二为一……于是，我不再只是“注视”一片叶子，而是走进它的生活，同它一起呼吸。

——摘自《“看”禅》
(*The Zen of Seeing*)
弗兰德里克·弗兰克 著
(Frederick Franck)

虫们的啼叫和歌鸣，这样，即使很难看见它们的身影，也可以通过叫声确定它们是否生活在附近。另外一些可以近距离观察的迹象包括：

- 鸟脱落的羽毛
- 哺乳动物的皮毛
- 树木或其他植物的幼苗，但在附近却找不到成熟的植株
- 被虫子咬出洞来的树叶
- 动物们在泥土、泥浆和雪地里留下的串串脚印

在观察自然的过程中，让自己全身心地投入，不放过一丝一毫。或许，可以试问自己以下几个问题：

- 谁在做什么？为谁做？
- 各种动作重复的频率如何？
- 面对一方的动作，
- 另一方作何反应？
- 每个动作持续多久？
- 回应动作持续多久？
- 整个过程占地多少？范围多广？
- 事件发生的特定环境怎样？

秋天迹象
黑色的橡果
"小伞"从蓝天那儿
飘飘摇摇地飞来

克服画画时的恐惧心理

一想到要在日记本上画，有些人就慌张起来。如果觉得自己不会画画，那么现在请你把恐惧抛开。事实上，经过认真观察后，每个人或好或差都能画，至少能把观察到的线条画下来。

一次，克莱尔陪一个班的学生和他们的老师出外写生。那位老师（杰太太）说她不想画，因为觉得自己画得不好。老师是学生的榜样，所以克莱尔不厌其烦地鼓励杰太太尝试一下（学生们乐于看到自己能轻易地做好，而老师绞尽脑汁也做不好的情景）。看着学生们如此投入，克

对那些没有任何绘画经验的人来说，能画几幅轮廓画就相当令自己欢欣鼓舞了；我觉得自己仿佛能洞穿植物的菁华。开始时，如果我没有勾勒轮廓就着手画，事后一定手忙脚乱，而且很快会在细节上乱了方寸并因此不敢动弹了。一般说来，比起那些复杂精细的画来，我更喜欢轮廓画，因为它们看起来是那么的鲜活。

——盖尔·古斯塔夫松
(Gail Gustafson)

莱尔又那么热心地鼓励她，终于，杰太太“咯咯”地笑着，走到同学们中间，和学生们共同画了校园里的一棵“十一月的橡树”。学生们兴致勃勃地讨论树枝该怎样分岔，夏天松鼠们搭的窝该怎样从茂盛的橡树里露出来，阳光该怎样地穿过树干、穿透树皮投下一个小点、一个小点的阴影，他们甚至估算了树的高度。这些六年级的孩子们都被调动起来了，他们满怀着好奇把自己的图画骄傲地展示给别人看。杰太太非常激动，不由自主地说道：“这是我画过的最好的树。”她终于卸下沉重的恐惧包袱，而且惊奇地发现原来自己也会画画。（现在，克莱尔还在那个学校授课，当然，杰太太也还在画画。）

回想一下你的第一次吧！还记不记得第一次骑自行车，第一次做蛋糕，第一次挥拍打网球，第一次写自己的名字？那时，这些事情看起来是多么地不可逾越啊！——但是，现在是不是也觉得没什么大不了的呢？

练习

你觉得自己擅长画画与否，并不重要。没有谁生来就擅长什么，所有人都需要别人的指导和勤奋的练习才能脱颖而出。或许，三年级的时候你常常画画，那时有人说你没有天分，甚至连你的朋友们都讥笑你的作品，于是，你无奈地放弃了。现在，即使你已经45岁了，画画水平依然停留在小学三年级的水平上，也请不要担心，因为这很可能是你最后一次画画了！

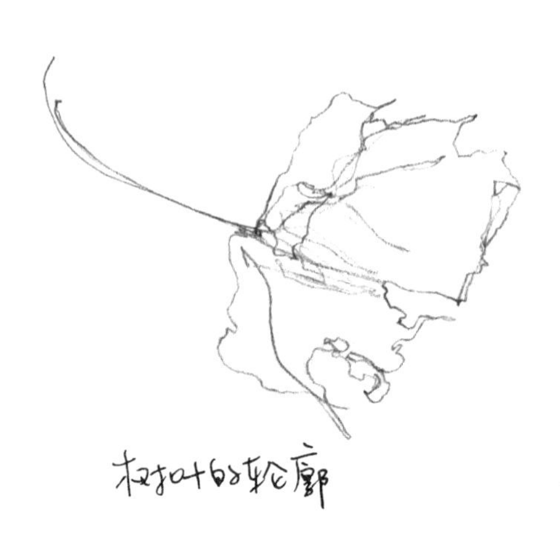

只要勤学苦练，用心观察，同时虚心接受一些简单的绘画技巧指导，画画技巧就会不断进步，甚至超乎你的想象。我们热诚地鼓励大家尝试，这是自然日记创造的一个成长的机会，同时还能提高你的生存技巧。

开始画画练习

以下的热身练习有助于让各个年龄阶段的人放松。人们可以不在意自己的绘画能力，也不用顾及是户内作业还是户外写生，只要把画画当作认真观察的一部分好了。初次做这些热身练习时，你可能暗自发笑，觉得自己笨手笨脚的，根本不可能立刻画出一幅“好画”来。但是，我相信你也一定能体会到格式的重要性。这次我们是右脑工作，左脑休息，因此只要一直跟着脑子里的创意走，就会一切如意。所以，千万别让你的逻辑头脑占了上风!

第九章有完整的练习指导，请参考176-179页。

1. **手眼同步画** 不看图纸，笔在纸上不间断地画线条。这种画法对“捕获”随时都可能离开的、动静不定的动物十分奏效。

2. **修饰画** 这种画法允许在纸上不间断地画线条的同时，迅速地扫一眼图纸。这种技巧可以抓住动物或植物的形状。

3. **动态速写** 动态速写是对事物完整外形的勾勒，要尽可能画得快些。野外画家大多采用这种风格，因为他们的目标大多跑得飞快!

4. **图列特征画** 这种画法涉及到特定物种的诸多细节。当您需要识别某物时，这种技巧十分有用。

5. **完整绘图** 这种画法适用于制作更完整的作品，花费时间可能10分钟，也可能10个小时……

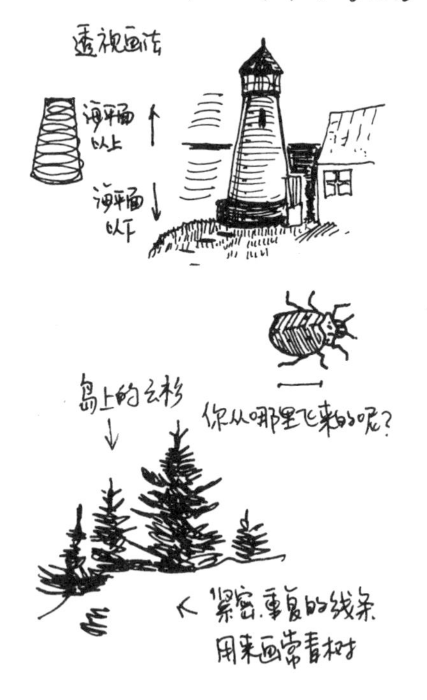

支持、培养自己的创造力

当你初次把绘画融入日记中的时候，可能会因功底不够、信心不足或者能力欠缺而忧心忡忡。随着年龄的增长，我们害怕尝试新技术、害怕面对新创意的心理会越来越严重。但是，为了挖掘自己的思想深度（一个自儿时起从未达到过的深度），你必需创造一个可以让你不断进步的环境，所以千万别害怕向别人求助。如果你和学生们一起工作，你会发现他们中间，无论老幼，经常需要面对困难、迎难而上，才能保持对画画的热情。

克莱尔曾在缅因海岸上的一个岛屿上开办了一个周末讲习班。班上有一位60多岁的老太太，她的丈夫酷爱绘画和写日记，所以她也来参加。她向克莱尔倾诉了自己画画时的挫败感，她越说越生气，越说越激动。原来，很久以前，她的一位美术老师说她没有画画细胞，并劝她去学数学、科学或者体育。尽管她来自一个艺术氛围浓厚的家庭，可最后还是彻底地放弃了绘画。自那时起，每当她重拾画笔时，都会因为不知道什么才是好画而羞愧难当。

她鼓起勇气向克莱尔求助，希望结束50多年来的痛苦。克莱尔称赞她的每幅作品，并做了许多具体的指导。她们一起开怀大笑，一起痛哭流涕，一起画画。在远足或是吃牡蛎的时候，她们会分享彼此家里的故事。后来，这个女人画了很多很多的画，她的艺术天分终于绽放，直到一个周末，她被别人架着离开小岛。

她画的植物、海浪、山岩、水泽、灯塔和龙虾笼子，都十分精彩。为什么会这样呢？因为她找到了一个人们之间可以互相帮助的地方。在这里，人们赞美她，帮助她，和她一起犯错误，与她一同分享对户外生活的热爱。

最近，她和她的丈夫告诉克莱尔，他们正参加一个为期一周的、在法国海岸举行的远足旅行，住在“老人游学营”里。二人双双带着日记本，都为能分享这次创意味儿十足的经历而高兴不已呢。他的丈夫狡黠地眨了下眼睛说：“等着瞧，我们回来一定给你一份影印本！”

变幻焦点

随着观察变得越来越专注，你可能遇到这样的危险，即：由于过于狭隘地专注某一事物而忽略事物周围的环境。若想弥补这种错误，最佳方案就是培养自己间断性切换焦点的能力。起初，先近距离观察某事物几秒钟，然后把焦点放到中等距离处的周围环境上，这样就能在不知不觉中实现目标事物与周围环境的互动了。几秒钟过后，进一步扩大视野，把物体和周围的环境尽收眼底。现在，重新把焦点固定到目标物体上，坚持几秒钟，这样反复几次，你就能发现目标事物与大环境的紧密联系了。这种方式会令你观察得更多，理解得更深，当然，自然日记也会“乐此不疲”地反映这一切。

恰克曾在缅因森林的垃圾场里呆了一天。垃圾场里有松鼠、花鼠、几只母黑熊和她们的幼崽儿。恰克发现，小熊们笨拙的身影真是令人忍俊不禁，但是却不能因为这场面有趣就忽视了废弃场周围的动静，比如：花鼠们先是一阵手忙脚乱，突然间，又一下子消失得无影无踪。通常，他很快就会发现一只母熊带着自己的幼崽儿蹒跚着走来。当他把视线从熊身上挪开时，会抽空听一听鸟的歌声，松鼠们的“吱吱”声，或者从林里“呼呼”的风声。之后，恰克会再次观察熊，当然，尤其是幼崽。

一次，他刚把视线从熊身上移开，就觉察到树林的一个方向变得异常寂静。这种寂静好像正朝那边的垃圾场蔓延。当他的视线重新落到熊身上时，恰克发现熊妈妈们的神色十分紧张，不停地嗅着风中的气味儿，小熊们则只顾玩耍。于是，恰克再度将视野投向四周：这种寂静正在扩散，而且越来越近。当他再次寻找熊的踪迹时，发现母熊正悄悄地把小熊赶进灌木丛。松鼠和花鼠们虽然回来了，但也悄悄地隐匿了行踪。

没过多久，一只硕大无比的公熊摇摇晃晃地来到垃圾场觅食，森林周围立刻陷入一片死寂。直到公熊进食完，大摇大摆地走开，森林才又恢复了往常的热闹。先是小动物们蹦蹦跳跳地回来了，最后，母熊和小熊们也都慢吞吞地走了回来。间断性转换焦点的方法使恰克觉察到真实的情况，而他之所以至今还能复述整个故事，都要归功于多年前他把这件事的始末写进了日记。

这个例子表明，好的观察不仅要留意目标，也要留意目标之外。这个例子里，动物间蔓延的寂静预示了某个大家伙的入侵，于是叽叽喳喳的鸟和尖声叫唤的花鼠都被唬住了。春天的沼泽里，如果呱呱的蛙鸣戛然而止，则很可能提示你某种东西正悄悄地潜行在附近。当你身处荒郊野外的时候，你固然会关心那些见到的东西，同样，也可能去注意那些虽然没见到、却感觉它们的确存在的东西。

和自然日记到哪里漫游

无论身在何处，室内或户外，都能写自然日记。只要是有生命的地方，就能展开观察。你可能想：“我怎么才能开始观察自然呢？对此我毫无头绪。甚至，我不知道该问些什么问题。”我们都有过初学者的经历，也就是那种分不清知更鸟和麻雀的懵懂状态。开始时，你可以问些非常基础的问题，比如：现在是什么季节？好奇心会带领你找到答案。倘若你想更多地了解居住地的自然，可以向那些可能知道答案的人求助，或者到当地图书馆里查阅书籍，也可以到本地的自然教育中心报名参加一些学习班和讲习班等（见资料，215页）。

下列地方都是可以轻易进入的。你可以把它们看作打磨观察技巧的“磨刀石”，也可以与它们耳鬓厮磨，精心培养“家”的新感觉。当你悠然地坐于其间时，请默问自己：这里种着哪些植物？哪些树木？它们的生长会受到哪些因素的制约？能看到什么昆虫？哪些鸟会依赖这些植物、树木生存？除了人以外，还有哪些生物生活在这里？是亲眼看到的，还是仅仅发现了一些存在的证据而已？白天能看到哪些生物？什么生物只在黎明、黄昏或者夜间出没？这些生物之间有什么联系？人类活动对这个地方有什么影响，又是怎样作用于它的外貌的？你观察到了哪些光、色、形、状，这些元素在一天中是怎样变化的？月复一月，年复一年，它们又怎样地变化？有没有想过这些地方在过去的50年、100年或者200年间经历了怎样的沧桑？在光阴的流逝中，植物、动物的生活怎样变迁？

- 后院
- 校园
- 花园
- 饲鸟器
- 天空
- 附近的河流、溪流、湖泊或者池塘
- 海岸或者岩崖
- 附近的草地或者农民的田地
- 公园或者自然中心
- 城市街道
- 家里

4月19日
剑桥的奥本山公墓
天气晴朗，约10°C
春天真的来了！
日出：5:56am
日落：7:31pm
现在，日照时间有13.5个小时

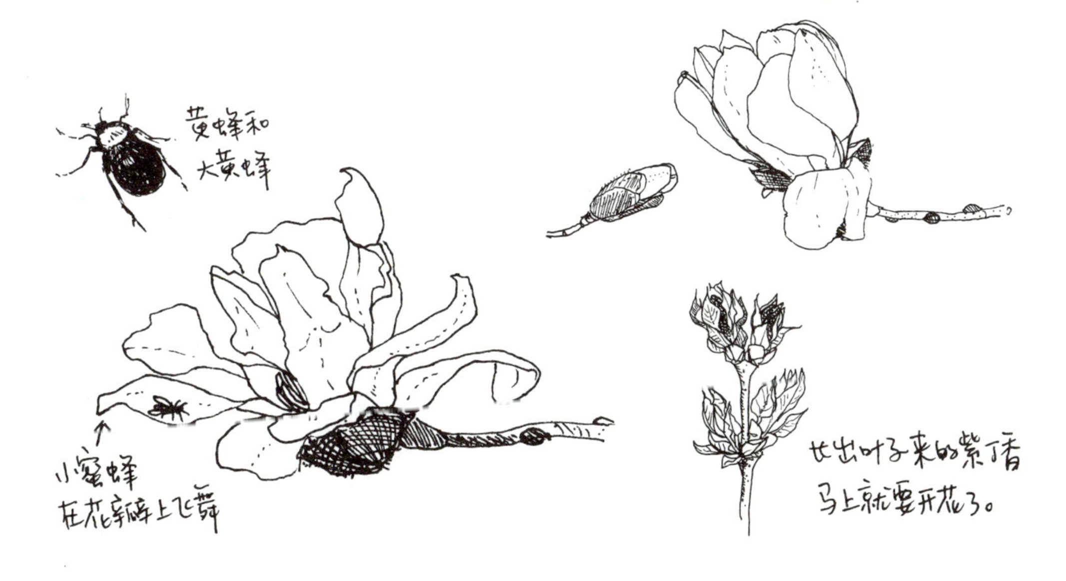

老少皆宜的自然日记入门计划

自然日记通常都从短期计划开始，然后循序渐进，并成为相伴一生的习惯。为了尽快进入状态，请尝试着做记录，记录中须包括以下的活动内容：

- 一段假期之旅
- 参观这些地方：本地的公园、自然中心、野生动物保护区或者海边
- 每月记录你家院子或者附近地区的变化
- 观察某棵特别的树发生的显著变化
- 注意饲鸟器周围鸟类的活动
- 在家里或院子的某个特殊地方“打坐”后，记录自己的体验和想法
- 观察一年里校园环境发生的变化

当然，对于充满好奇的自然观察者而言，这些无异于大餐前的开胃小菜。从这以后，你便可以大步流星地朝更多方向进发了。至于其他一些你可以胜任的观察活动，本书在其他章节另有建议，希望可以成为激发你坚持不懈地书写自然日记的动力。

千锤百炼写自然日记的技巧

一旦你用笔书写大自然并结合简单的绘画技巧，就会发现其实很多方式、方法都可以丰富、磨练自己的技巧！或许，你想拓宽日记的内容范畴，那就需在更广的范围内观察、思考和发问。以下几种指导方案或许对你开拓视野、研究绘画有所帮助。

2月21日
新英格兰的安提阿研究所
美国新罕布什尔.哥布尼.金恩
12:45pm
风向 N W E S
日出：6:18am
日落：5:35pm
比起12月21日那天来，我们现在的白天时间要多出2.15小时呢！
天气寒冷、寒风刺骨、天空晴朗
温度适中，零下1°C
但是凛冽的风让气温降了下来。
在学校后面的铁路院子里，
我与14名研究生和环境教师一起写野外观察日记。
长久以来，土壤经常被翻松。

约2cm
花苞膨大起来+露出了一些花粉

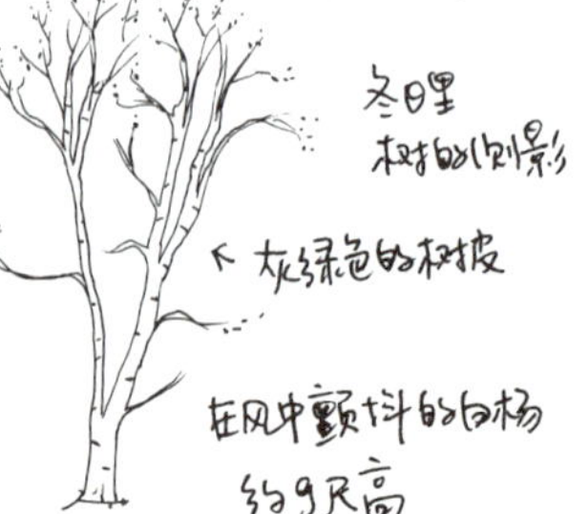

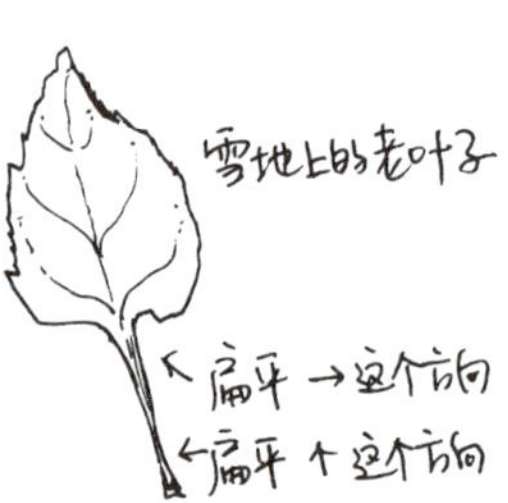

画和写

既然日记在手，画笔在握，何不探究一下以下的问题呢:

- 我家附近有哪些树？它们何时开花？它们的果实和种子的形状怎样？哪些昆虫靠它们过活？它们的叶子什么时候脱落？它们的种子怎样“安家落户”？
- 在连续的两个月里，月亮的形状发生了怎样的变化？它在天际的运行轨迹如何？一天里，月亮何时升起，何时落下？月亮的阴晴圆缺怎么影响夜行性动物的活动？
- 在我周围的建筑物中，太阳每日运行轨迹是怎样影响它们折射出来的阴影的？阴影的形状、长度又是如何变化的呢？这些阴影是否会影响周围建筑物的微气象？微气象是否会作用于建筑物周围的植物、昆虫和其他生物的分布状况？
- 我的附近有哪些鸟类？哪些鸟会到本地的饲鸟器进食，它们会不会也来我家或者邻居家的器皿里吃食呢？各色各样的鸟一天中什么时间出来造访我们的居所？在饲鸟器周围，它们之间怎样交流？各种鸟对食物分别有什么特别的偏好吗？
- 在我周围，人们做些什么？决定人们活动形式的因素是什么？人际交往、天气、友谊，还是时间？
- 本地花卉的开花顺序是怎样的？每种花分别在什么时间开出第一朵花？什么时候某种花大概一半以上的花会开放？每种花最后一朵什么时候开放？是否经常发现某几种固定的花卉一起生长，而很少和其他花混在一起生长呢？冬天，死去的植物是什么样子？
- 附近生活的地方有什么爬行生物或者两栖生物没有？无论是看到的、还是没看到的动物，我是否可以把它们画出来呢？
- 一年到头，哪些昆虫每晚聚集在我家门口“借光”？
- 我家周围或者经常拜访的地方，不同的蘑菇分别在何时、何地出现过？
- 在我选择观察的某棵树上（枫树、橡树都可以），一年来，发生了什么变化？谁住在树上？什么时候住进去的？
- 从一个据高点处观望，一年到头，能发现哪些变化？
- 一周之内，光线和云团的形状发生了怎样的转变？在我周围，哪些变化是由天空中的变化引起的？

我们也可以把自然日记当作一种旅行：变幻的季节和我们的心路历程即是野游路上的好风景。人生旅途中，日记会记录我们的过往，我们的所见、所欲和所感，并反映出我们对哪些东西已经确认无疑，对哪些事情还心存疑虑。翻看一本旧日记的乐趣，在于它的字里行间都能让我们回味无穷、浮想连连。你会诧异于自己走过的山山水水、惊诧于曾经有过的思想变化和曾经看过的奇闻异景。你可能把一本自然日记搁在书架上几个月甚至几年不闻不问，但是当你再次把它翻出来的时候，我们保证往昔情景会跃然纸上，历历在目，因为其中的记录是你写的，除了你，没有谁能够体会其中的滋味。

自然日记就像“打坐”

马萨诸塞州的弗莱明翰市有个野生动物保护区——森林花园。这里来了一位造访者。在结束了一天的高压工作后他累了，所以抽空到这里静默片刻，画上几幅画。重返大自然令他缓解了压力，放松了身心，并维系了生活的平衡。

5月22日

马萨诸塞州·弗莱明翰 林木里的公园

5:50pm

寒冷·潮湿·昏暗

被黑苍蝇叮了一口

黄莺

黄鹂

缨冠山雀

还有缨冠山雀

第三章

自然日记风格范例

如果你是位笔记自然的新手，那么借鉴他人的日记风格会对你大有益处。历史上，许多科学家、探险家、作家和艺术家们分别用文字和绘画的形式为大自然书写过优美的篇章（见资料），我们鼓励你多研究这些文献，希望你能从中获得启发并创造出独一无二的自然日记风格来。虽然，自然日记以自然观察为主，但也可以根据自己的意愿融入个人的游历、家庭琐事、自身感悟，或者城镇以及当地正在发生的事件等。

本章突出强调当代自然日记学家们所采用的风格，并从他们的日记中撷取范例供读者们参考。

日记作家比尔·汉蒙德在谈到自己的日记风格时常说："每当开始写新日记的时候，我会静静地坐下来，接着把一切尽收眼底。在日记的左面，我会以某种风格创造出一个彩色图像，这个图像可能是抽象的，也可能是具体的。无论怎样，它都反映了当时、当地的特别之处——都是身边的自然赋予了我灵感。这种灵感的涌现可能源自大山、海滩、闹市或者自家的庭院——只要这个地方对我有特殊的意义，那任何地方都可能成为我灵感的源泉。

"在日记右面，我用'意识流'的写作手法抒发感情。我总是想起什么就写什么，完全不分时间地点。

"于是，日记就成了'时间日记'，或者'地点日记'。"

一个人能不能成为自然观察家，不在于他有没有系统的知识，关键在于在重要时刻他有没有实际经验。我宁愿某一时段内只做个未开化的蛮人，全然不懂那许多的名字、结构和细节；我宁愿乘着光阴的翅膀，只去自由地探索和梦想。

——摘自《自然观察家》
(Naturalist)
爱德华·O·威尔逊 著

观察与记录

众所周知，自然日记最朴素的目标就是观察和记录，这几乎是每个初学者的愿望。（“Journal”一词源自古英语，而不是拉丁语，是“每天”的意思。）无论是临摹描绘、制作单目，还是文字叙述、摄像记录或者收集标本等，“每天”写日记的作家们，不停地记录着生活的点点滴滴。时光荏苒、年复一年，生命的泉水不停地流淌，自然日记成了人类与生命互相联系的载体。

在自家后院

俄勒冈的自然艺术学家劳里·特伦·明茨(Laurie Troon Mintz)曾认真地观察、记录过自家后院发生的季节更替现象。她这样形容自己的工作：

> 用日记记录在周围看到的细微变化，不仅能让逝去的岁月变得清晰起来，还能帮我找到生活的重心。捕捉这些独特的细节给我带来了莫大的乐趣，我还发现自己感受自然的能力增强了，而且也更能感受什么是奇迹了。我心中的艺术家兼科学家被唤醒了，他们两个高高兴兴地走在一起——这次‘牵手’的实质性成果是：我不仅把新知识记了下来，还把那光阴的流转和个人成长的过程也一一记了下来。

4月29日

灰色的云高高悬在我的头顶，预示着暴风雨的到来。我找到了一个废弃的灯心草雀筑的巢，巢里面有两只孵出来的小鸟儿，已经死去了。我的希望破灭了，再也别想亲眼看见幼鸟儿长大了。母鸟已不知去向。只有两颗留下来的鸟儿蛋冷冷地躺在巢里面。

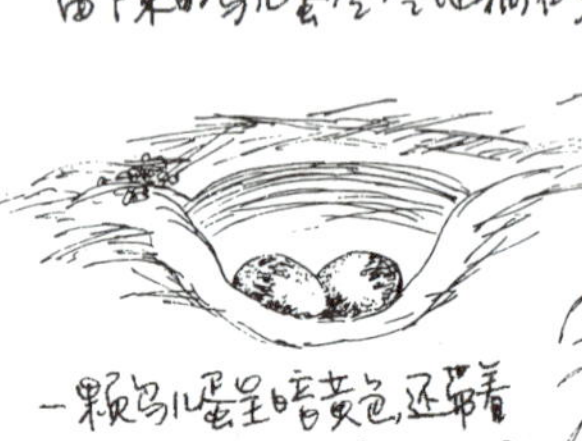

一颗鸟儿蛋呈暗黄色，还带着一圈红褐色的斑点。另一颗蛋呈淡淡的蓝绿色。一头儿带有斑点。小鸟儿的头上有一层薄薄的绒毛。它们的肉皮很薄，我可以径直看到它们的小脊柱。

4月30日：雨

这天风儿习习，凉爽宜人。在短暂的阵雨之间，太阳有时会冲破云层，探出小脸来。山茶花婆娑地从花丛上飘落，好像凋落的时间太快了。西伯利亚鸢尾花正含苞待放。约伯家梯子上的圆锥花也长出了长长的花苞。椋鸟的蛋已经孵化。

为日后参考进行研究

多才多艺的英国野生艺术家约翰·布斯比一直在写野地日记。他在日记里记录自己的观察，以便日后区分画室里的不同作品以及提高作品的绘画水平。这些铅笔画和水彩画，画的是一次他去西班牙探险途中观察到的三种鸟。请注意他是怎样尝试着抓住这些姿势的核心的。不消多问，这些姿势一定会为他的正式创作增添不少活力和现实感。所以，自然日记的确是即兴写作和绘画创作的完美媒介。日后，只要对日记上的作品稍稍雕琢，就能立刻变成精致的诗歌、散文、工笔画或者油画。

体味一个新地方

史蒂夫·林戴尔是一名英国的化工工程师，他曾是克莱尔的学生。在家时，他喜欢在四下里观察记录；旅行时，他不仅对观察目标做细节性的观察，而且具体地研究目标存在的环境。史蒂夫写道：“自从1980年我参加了你（克莱尔）的讲座，就一直规律地写自然日记。我觉得这是认识某个去过的地方或者见过的某个东西的最好方法。比如：画植物时，我会注意一些原来可能会

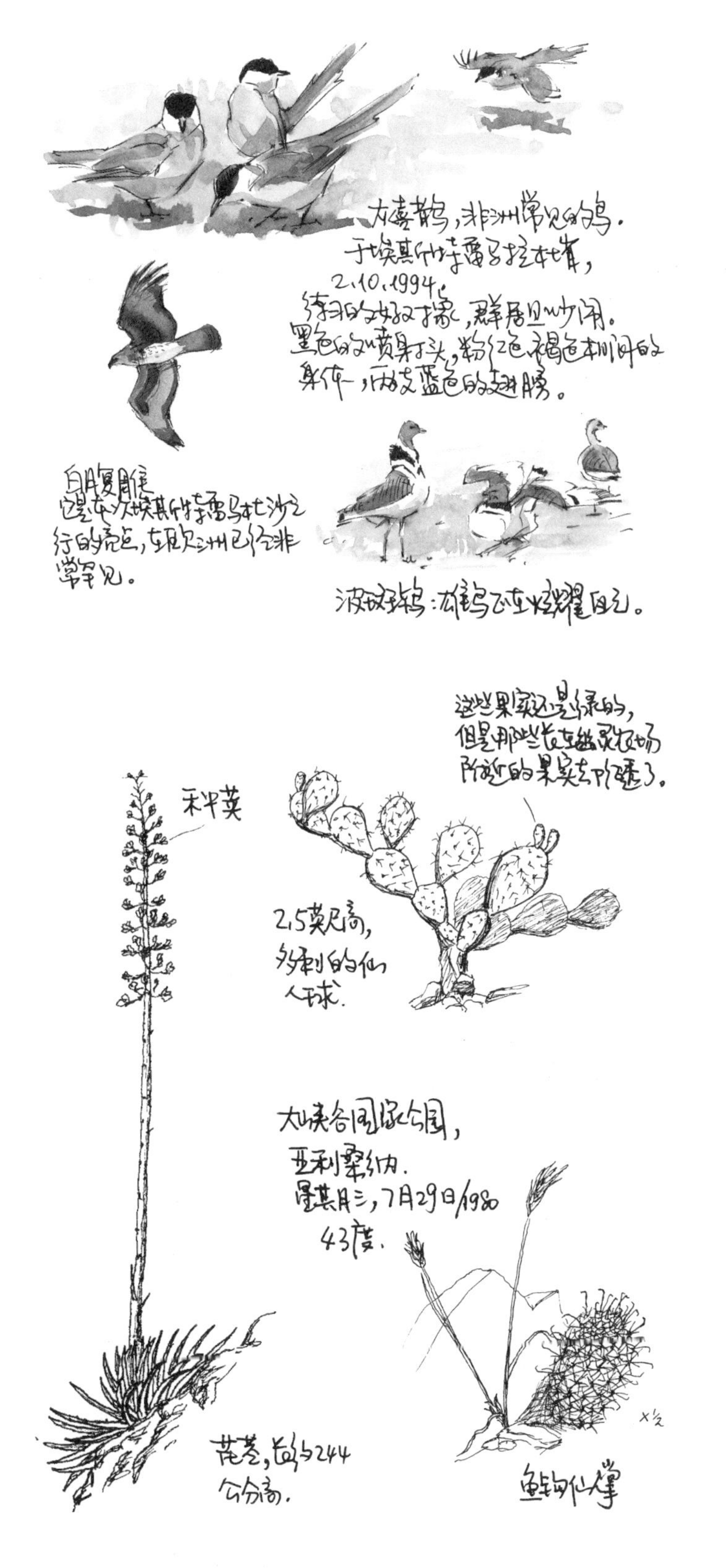

忽视的细节，而且我还能更好地理解植物的结构了。现在无论去哪个有趣的地方或者从来没去过的新地方，我都会带上毛毡尖笔和8.5×12英寸（A4）的精装硬皮素描本。”

结合文字和影像

约翰·爱尔德是米德尔伯利学院的环境研究学教授。他发现：绘画与文字相结合能为他的文章增添新的内涵，以下的例子可以证明这点。在日记的一面，爱尔德加入了他看到花楸树后的一段文字叙述——几乎难以辨认；在日记的另一面，他把花楸树的视觉形象画了下来。约翰深有感触地说：“绘画让我的日记变得重点突出，现在，我喜欢对特定的目标做更长时间的观察。我一边用眼睛观察目标，一边用手不停地记录有关目标的轮廓、结构的细节等。从我被带进绘画的殿堂那一刻起，我的文字记录仿佛注入了一股更具体、更直观的活力。相比之下，画画不单是一种描摹图案的行为，它更是一种集中注意力的模式。”

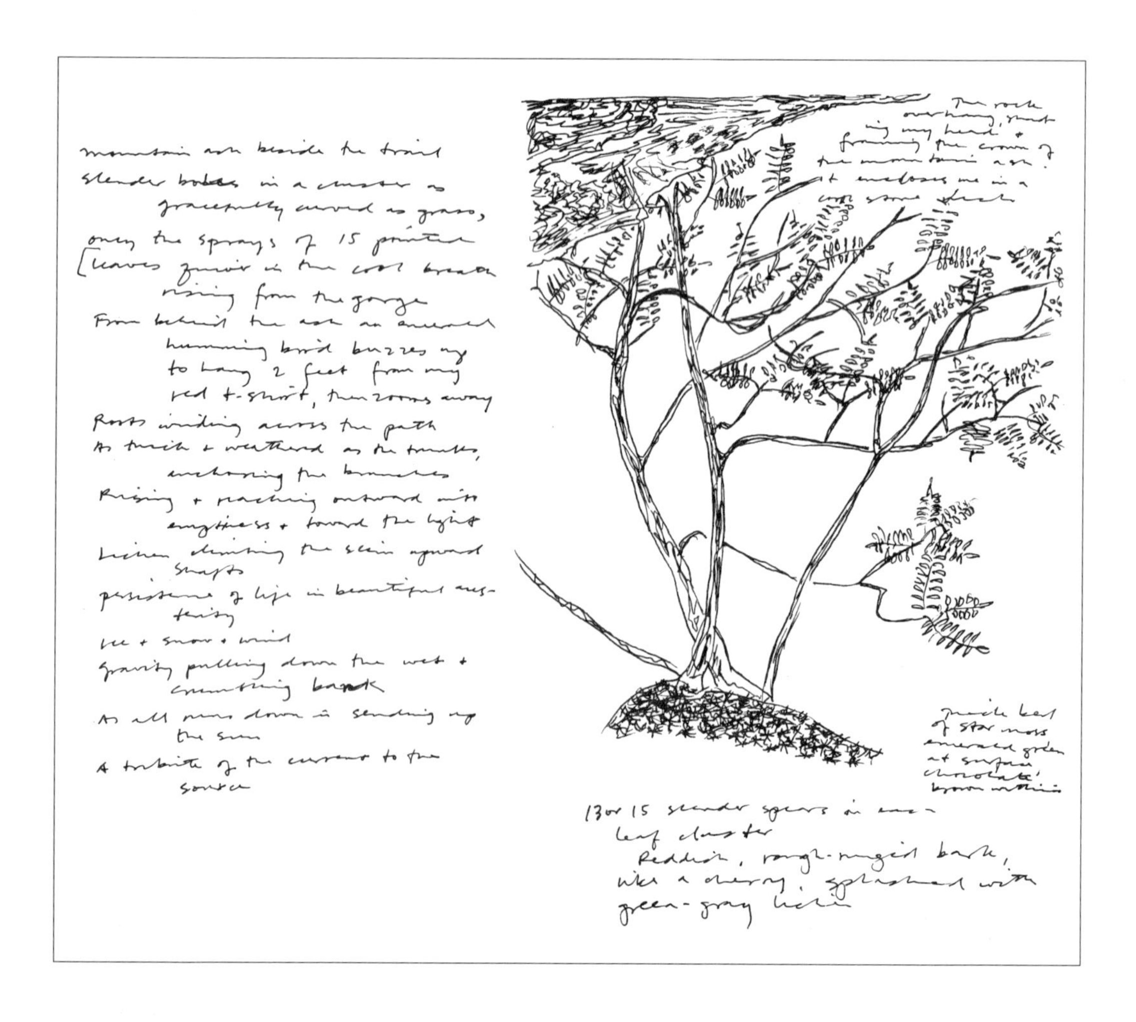

创立一个自然研究的项目

其实，不一定所有的细节性观察都要在户外进行。你可以收集一些令你“一见钟情”的东西带回家，然后在更理想的条件下把它们作为研究课题在日记中详细地描绘。

详细地描绘一些死的东西，比如那些误飞进窗户或者撞到汽车上丢了命的生物，把它们作为科学教育课程的一部分。处理这些生物时请务必小心谨慎，为了防止沾染上动物寄生虫，建议你带上手套，并事后洗手。

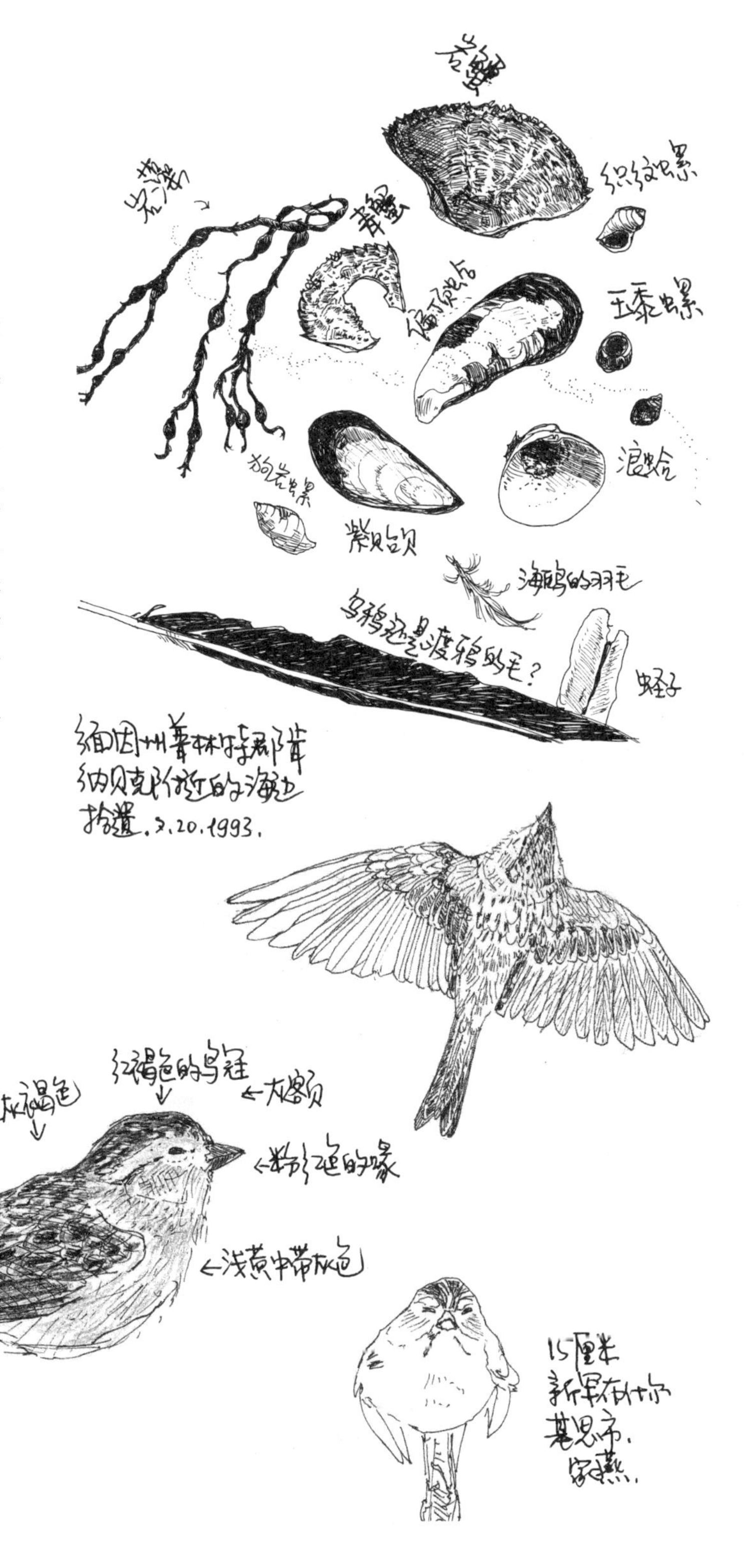

室内作业

没有必要跑到千里迢迢以外的地方去进行惊天动地的探险，甚至，你可以足不出户。把离你最近的那扇窗子作为观察点，然后透过玻璃窗记录那些让你目不暇接的、正在发生着的事情。对那些身体有残疾、受病症折磨的人或者被恶劣天气束缚的人来说，这的确是个不错的机会。

融入自然

卡罗琳·达科沃斯是位教师，也是位自然艺术家，她住在蒙大拿的加大纳。一次在描述她的自然日记经历时，她说：“从早年记事起，我就一直沉浸在这些颜色、形状、影像和感觉的世界里。我记得自己总是不停地画啦、着色啦、写字啦——而且现在我都记得第一次把这三者结合在一起的情形。那是我上小学六年级时，一次，去河口郊游，老师叫我们把旅途中看到的景色画下来。现在，虽然那本日记早就丢了，可那时画的粉色、黄色的螃蟹却依然印在我的脑海中，久久不能忘记。”

“于是，我信了，”卡罗琳接着说，“如果你想认识周围的世界并弄明白与它的关系，那么写自然日记是帮你实现这个愿望的最好的方法之一。例如，一种简单、规律的行为——每天记录日出日落的地方，会让你产生一种在这片土地、甚至整个宇宙中的地域归属感。关注天气的晴雨变化，也能建立起另一种规律的关联来。其实，就连散步时偶然停下粗略地画上一两幅小动物，也能建立起某种联系来呢。所以，请停下匆忙的脚步，来闻一闻、听一听，感受一下风的轻柔，然后描述每一次的感受——这些简单的行为会让你的日记显得别出心裁，独具一格。”

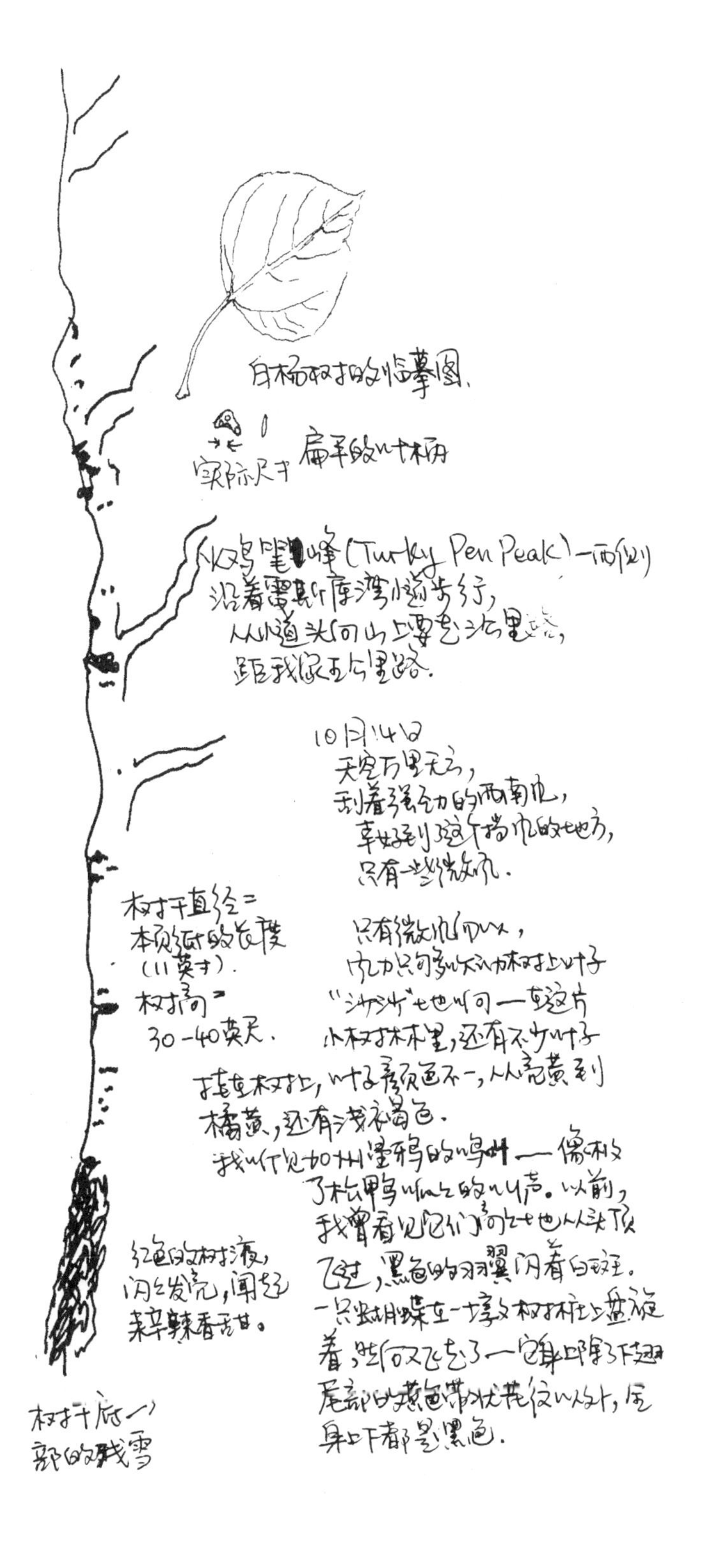

坚持系统地做记录

写日记贵在持之以恒。养成这个习惯的办法之一是编排一个规则的记录体系。比如：你可以简单地记录每天早晚的温度，或者列表记录每天来饲鸟器觅食的鸟类。随着经验的积累，你很可能慢慢发展其他的体系和格式标准来组织自己的观察心得，这取决于你的条理性怎样。或许，你决定用相似的形式规划所有的日记篇章，也或许，你决定分别用几个本子来记录不同类型的观察。

你也可以尝试一下设定写自然日记时间的方法，然后在日历上面标出来。这样，你就可以与自己、与日记“约会”了。“约会”的时间不限，可以10分钟，也可以一整天。

制作整套日记

佛蒙特的自然作家兼专业野生艺术学家约翰·皮契尔曾写道：“由于我作为专业艺术家的生活和作为自然观察家的工作密不可分，于是，我决定同时采用几种体系或“工具”来了解自然、记录自然，并与之互动。通过把野地日记、物种记事手册、素描簿和在不同位置拍摄的照片这几种方式相结合，我就有了在画室创作完整绘画的第一手资料。

“我的野地日记风格源于自然科学，可以满足身为自然观察家的我的各种观察需要。我按照时间的顺序对日记进行组织编排，并按照一定的格式设计版面的布局。这样，即便突然要参考某些很久以前的观察记录，我也能很快找到……在日记的左面页边上，我把小幅的素描、彩色画和照片都进行交叉编号：用字母‘D’代表画作，字母‘P’代表照片。在内文里我会附加说明这些图画分别是在哪本素描簿里找到的。整个文本看起来很像日记，但是，我也会在特定的位置上标明自己感兴趣的动物或植物。

“我的物种记录手册与野地日记大不相同。它只限在画室内使用，与野地日记相似，它也是个三个环的活页笔记本。当我凭

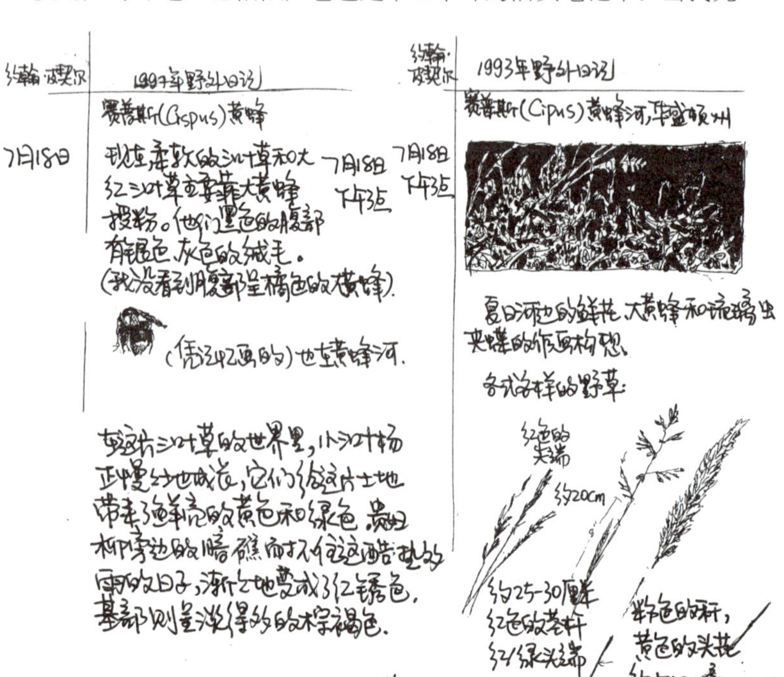

记忆详细地描绘某个在野地里看到的物种时，我会用到这个本子。物种记录日记的格式与野地日记不同，它以物种的名称为标题，并详细地描述该物种的特征和习性。

“我的野地素描簿并不是严格地遵照时间顺序编排的。我可能把不同时间、不同地点的画放到同一页纸上。另外，我还额外带三种不同的素描簿，以满足不同的绘画目的。

“我的每本素描簿都有编号，另外，我给日记里的每幅画都注明了日期还附加了可对照的标注，所以很容易就能找到某次观察的文字或者图像信息。我的素描簿里有好几种写生画，我还运用了多种绘画技巧，可用得最多的还是一种被称为修饰性姿态画法的技巧。”

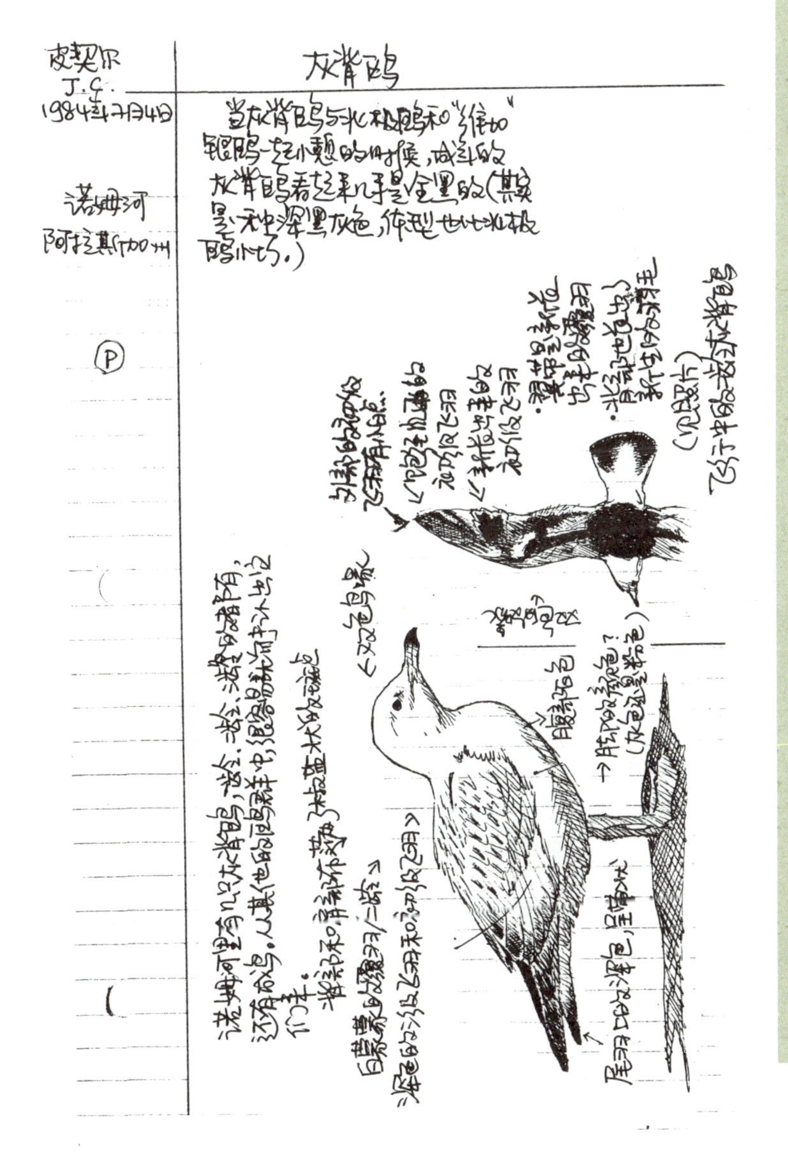

捕捉关联

无论采用哪种记录风格，自然日记的核心不在于那些令你为之所动的事物或事件本身，而在于能否挖掘到它们之间的关联和环境背景。随着写日记的经验越来越丰富，事物事件的背景、关联也会越来越明显。自然日记是成长路上的无价之宝，它能提高创造力和想象力，并教你如何看清事物之间的关联和互动关系。那么，在观察、记录或者画画的时候，请不要忘记问以下的问题：

- 你能把当下的观察和过去的观察联系起来吗？
- 在观察中，你能否辨别具体的观察形式吗？比如：视觉上的、行为上的，还是时段性的？
- 在观察事物事件的同时，你能找到它们之间或明显或细微的关联吗？
- 观察对象是怎样运动的？比如，种子怎样从母体脱离？昆虫的飞翔方式是否和鸟类相同？

为科学研究写自然日记

马萨诸塞州的艺术家兼自然观察家玛茜·马赛罗，采用文字、绘画相结合的方式做细节性的观察。马茜下面记录的是母苍鹭在繁殖小鹭期间的行为特征:

> 我热爱写自然日记，因为它完美地结合了活力和创造力。它让我能够尽情地抒发对写作、绘画和大自然的热爱。实际上，我经常使用3个不同的日记本写日记。一个本子完全用来反映我的成长经历，相当于日记；另一个本子用于记录每天观察到的动物和鸟类；还有一个本子是我的素描簿，以绘画为主，有时也记录野地作业时的即时感受。从青少年时代起，或多或少，我就能算个“日记人”了，而且我对这个无止境的发现之旅十分迷恋。自然日记不仅是科学探索的助力，实际上它本身就是一种科学探索。对我来说，它还是自然界的一种自我表达过程。天长日久，斗转星移，我喜欢在变化中找寻自己和自然界的变化。通常，我会阅读过去的观察记录，并与现在的观察和心绪做比照。这个过程不仅让我实现了与自身的协调，还让我深层次地了解了自然、丰富了我的精神世界。最令人欣慰的是，自然界总是有无穷无尽的奥秘等着我去探索、发现。

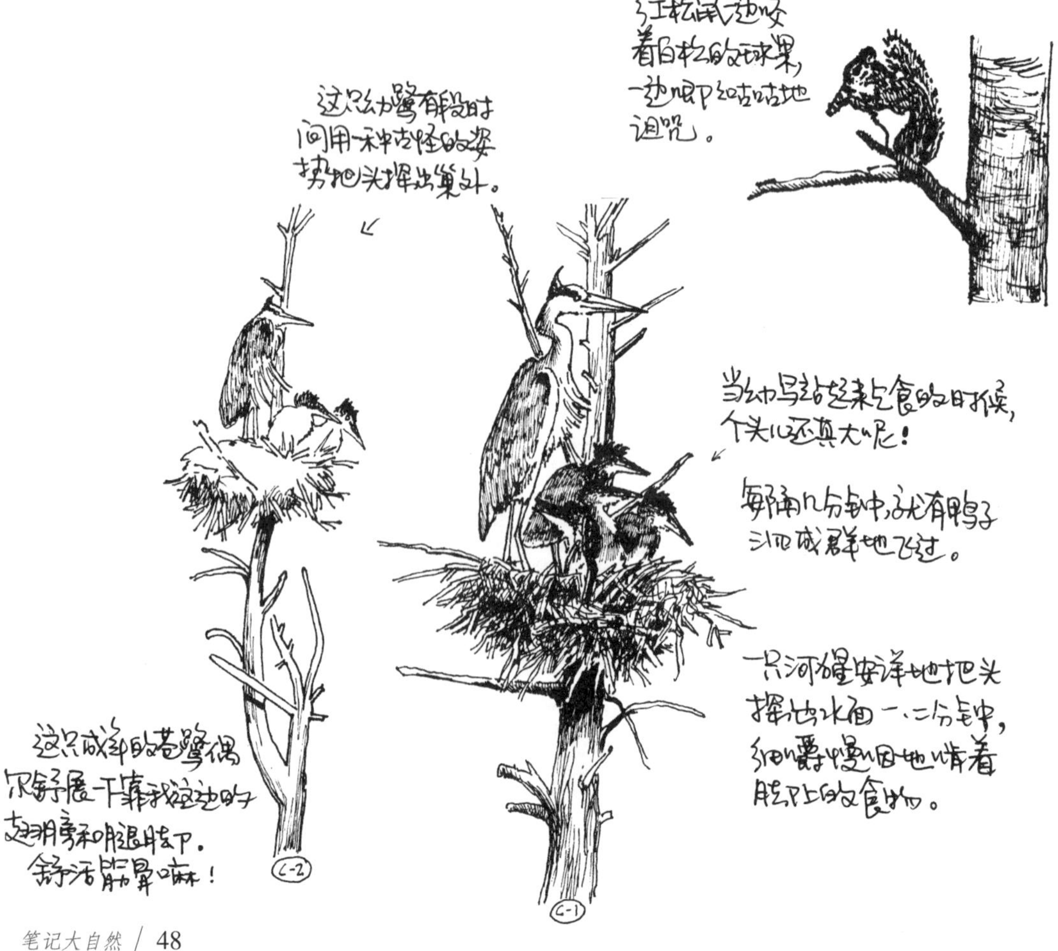

主持一次生物研究项目

罗恩·齐萨日是内布拉斯加州奥马哈市一所高中的荣誉生物教师。他让学生们每周持续地观察，并记录观察发现。日程表体系是学生们尝试使用的最简单的组织体系之一。学校从这些日记中选取精彩的章节在整个学校公布、传阅。这样，学生们就能看到别人是怎样用相同或不同的技巧来组织素材了。

每周日记 1月23-29日 罗蕾苹·金

周一：天气很冷，而且寒风刺骨。什么动物或鸟儿都没看见，只看见一只废弃的巢。

周二：今天和昨天一样，只是没有刮风。远远地，看到了乌鸦。

周三：今天，暖和了一点儿，但是依然有些冷。看见了松鼠。

周四：今天，太阳出来了。我又看见了几只乌鸦。雪慢慢地融化了，但还是随处都可看见积雪。

周五：今天早上下雨了，但没下雪。我在春天湖畔看到了一只小浣熊。

周六：因为昨天下雨的缘故，地面非常湿滑，但是鸟儿们好像不以为然，现在每天都可以看到越来越多的鸟儿。

周日：虽然今天有"超级杯"，可我们还是决定到外面走一趟，并游戏一番。我在春天湖畔的高尔夫球场上看见了一只狐狸，可我不确定它是不是只狐狸宝宝。但是它的确可爱极了！

10月10-14日
这是周一的傍晚，大约下午六点钟的时候。外面风雨交加，树木在风中摇摆，太阳还发着光，我看着叶子从树上"簌簌"掉下来。想必你也发现了，叶子都快掉光了。

10月11日星期二 下午6点30
今天我注意观察天空，看到一些鸟往南飞去。这些鸟儿排着完美的"V"字形，可惜我看不出是哪种鸟。

10月13日周四 下午5点45分
今天我看到一个怪异的茧，灰色，有点毛茸茸的。

10月12日星期三 上午7点
昨晚下雨了，所以今早有幸看到一滴雨露悬在一片叶子上。

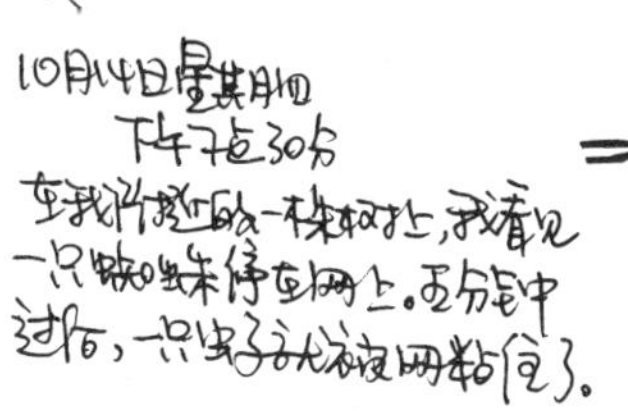

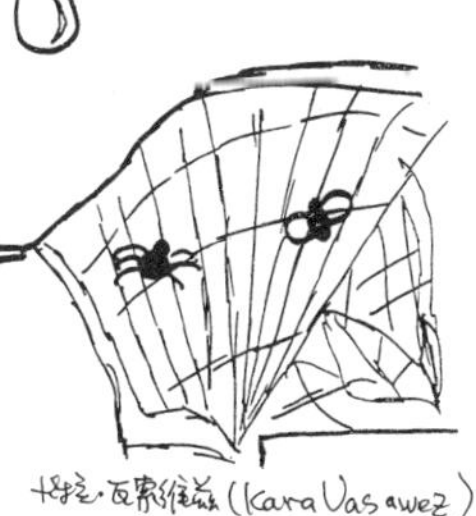

10月14日星期四 下午7点30分
在我经过的一棵树上，我看见一只蜘蛛停在网上。五分钟过后，一只虫子就被网粘住了。

卡拉·瓦索维兹（Kara Vasawez）

回顾与沉思

人类有种自然的倾向，即在观察中刨根问底，并思索自己的见闻。早期的思考，可以引导自然日记实现从一个水平到另一个水平的飞跃。辨别观察自然的形式，可以引导你更好地理解周围的世界。一些自然观察家需要不时地参考自然日记，因为它不仅可以提供事实上的佐证，它还是思想、写作和绘画的创造性源泉。

省思环境的“脆弱”

一次， 在弗罗里达的萨尼贝尔岛上举行的一次“环境教育家”会议上，克莱尔记录了这些研究发现。这个岛本来人迹罕至，秀色可餐，岛上还有姿态万千的鸟类和动物。但是现在，它却受着人类发展的巨大冲击。会议在岛上一个豪华的大饭店里举行，里面有完善的空调设施，窗子紧闭，与会人员都依赖先进的电信手段和计算机科技。虽然，会议的焦点在于提高学生们对环境的关注程度，可克莱尔不禁自问：“我们是否真的意识到自己正置身于一个脆弱的小岛上呢？”当她描绘那些在岛上居住的生物时，不禁觉得良心不安。

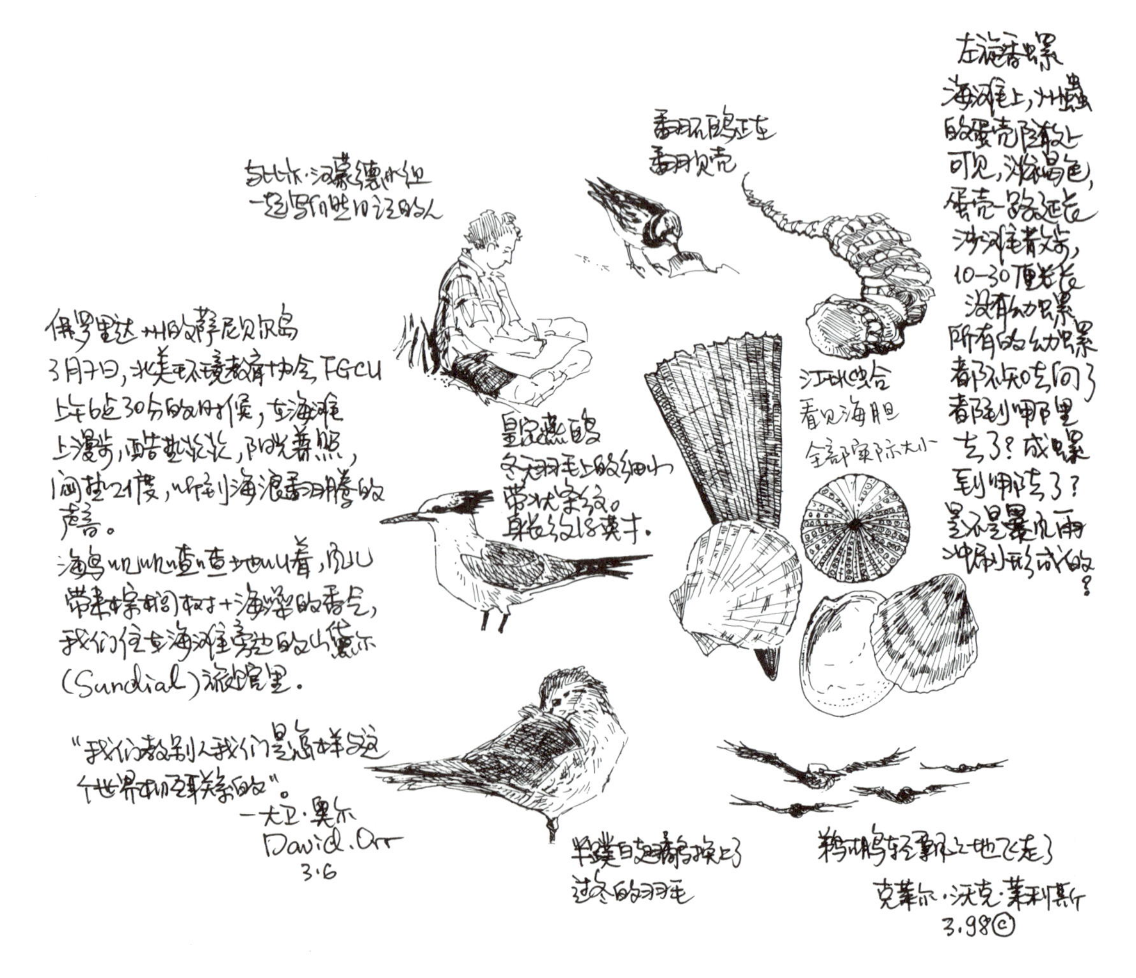

在时间流转中回味一个地方

经常重温自己的日记，能唤起你的旧日情怀：想想自己的情绪是一成不变的呢，还是随着新经历的累积而不断波动的呢？思考一下以前问过的问题，这些问题是否对新的研究课题和新的观察有什么启发？或许，你甚至考虑着要创作几篇特殊的回忆录，以便把原来单独提出来的问题放到一起，比如：为什么今年蓝雀的数量好像少了很多？溪水怎样流出河道的？如果在沼泽旁建一个新的购物中心，这里的生态系统会发生怎样的转变？自上次造访以来，生活发生了怎样的变化？

有时候，你必须全然自由地走，不要偷觑刺探，不要刨根问底，不要执著一物。放飞一整天，只为敞开胸襟，深深呼吸……

你须得走得轻盈才能听到那最美妙的声音，身体官能都要静止不动……大自然禁受得住最审慎的检验。她吸引着我们把目光停留在她最娇小的叶子上，诱使我们用昆虫的眼光来欣赏这片土地。

——亨利·大卫·梭罗

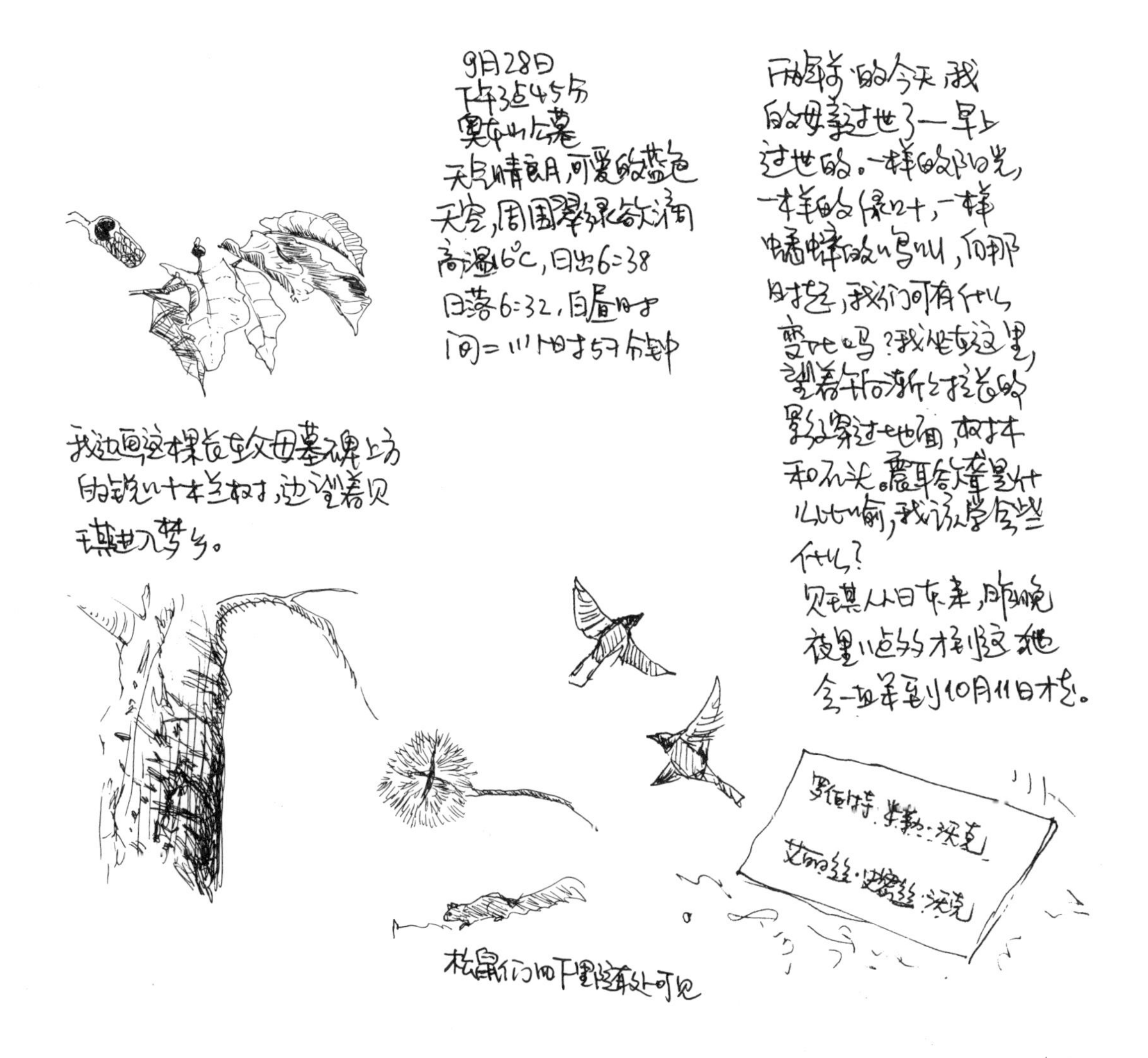

5月11日
星期六下午近
明尼亚波利斯市的
市中心。
沿着明尼亚波利
斯最繁华的联络大
道上驾车，我们看到
一只美洲旱獭，它正在
地面架桥下面的通
道上，贼头贼脑地
偷看我们！

旅行中写日记

有些人只在旅行途中才写日记。无论是短暂的周末远足，还是长达数月、数年的环球旅行，他们都做记录。旅行归来，如果除去照片你还能带回一些其他东西，那自然最好不过。旅行日记会开阔你的眼界，让你感受到一个快照以外的世界。要具体地勾勒那个地方的形状，要把观察到的动植物画下来并注明名称，以便记住具体的细节，这样才叫“名副其实”的观察。实际上，这些就是你的回忆，即便你的旅程早就结束了，它也能帮你回忆起往昔的快乐时光来。

旅行日记通常在夜里完成。结束一天的旅程后，人们习惯地围坐在汽车旅馆的营火旁写日记。当然，你也可以把一天的旅途分成若干时段，分别记录见闻和心得。这样，即使自己处在运动中也可以抽出手来，匆匆地写上几笔。一次在去往明尼亚波利斯的路上，克莱尔瞟见一只美洲旱獭正站在立交桥旁边。当时，她的妹妹在驾车，于是克莱尔迅速地拿出毛毡尖笔画了一幅素描，捕获了这个难得的瞬间。

这只美洲旱獭
一副威风凛凛的
派头，就像在察看
他/她家后院的
财产似的——
哪怕这里不过
是机动车路！

团体日记

如果你和家人或者一群朋友一起出外旅行，千万别忘了趁机写团体日记。每个人都可以献上自我风格的观察作品，并写进日记与大家一同欣赏。这样会让所有人的旅行更丰富多彩。在类似的日记里，添上地图会令旅行日记更加生动。日后，当你重温这段美好的经历时，地图可以准确地提示你这美好瞬间发生的处所。

当我们全家出去到全国旅游的时候，有人画画，有人写文章，还有人拍照片。

我的6×9英寸硬皮小记本。

我9岁女儿的小记横格硬皮日记本。5×8英寸

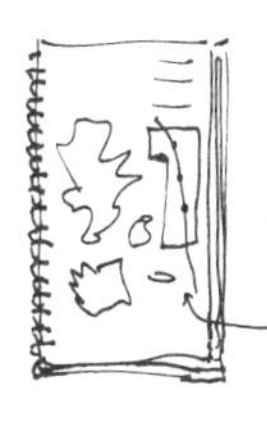

我14岁的儿子的小记本，线圈空白写生本。埃里克画了此行的线路图。

带上孩子

旅行途中，要鼓励孩子把途中的见闻写进日记，这样，归来时就能和那些没来旅行的家人一起分享旅行的乐趣了。克莱尔带着10岁的女儿安娜一起参加了在落矶山国家公园举行的野生动物联盟保育高峰会。克莱尔上课时，安娜就跟13名年纪相仿的小朋友一起去了解当地的自然界，并写了自然日记。在以后的日子里，安娜就能与别人分享她的见闻了。

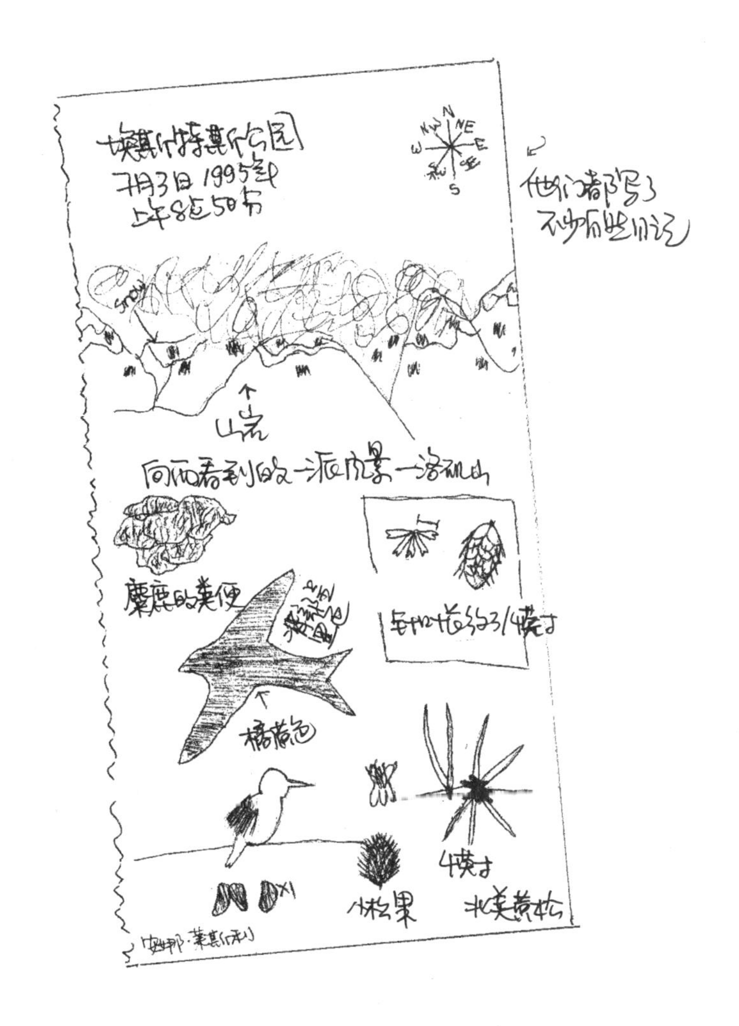

他们都写了不少的小记

在墨西哥帽镇以南看到的纪念谷的橘红色谷地、平顶山和孤立的山峰。这些峡谷砂岩拔地而起,很多孤峰的高度都超过1000英尺,谷地被一片绿隐隐绿的沙漠灌木和稀少的、长不高的矮树所掩映。纳瓦霍印第安人大约在16世纪间游牧到此,最早的原住民则在14世纪遗弃了这片谷地。那时候起,那瓦荷印第安人就在这片沉默、贫瘠的亚利桑那州的土地上,放牧羊群和牲畜,还种植了少量的农作物。

纪念峡谷
犹他州的亚利桑那州
星期一,1980年7月28日
中午的时候,阳光灿烂

西连指峰和东连指峰
纳瓦霍部落公园里的纪念谷

超越相片

以下作品分别是史蒂夫·林戴尔和安妮·甘布尔(Anne Gamble Gamble)前往“峡谷纪念碑”和格拉帕戈斯群岛的途中所画,这些都是用素描记录见闻的好榜样。通常情况下,素描能够抓住相片抓不住的东西,可以给你的见闻带来一种截然不同的真实感。

画画的时侯,我必须全神贯注地观察眼前的事物,所以我会看得更加仔细。一次去格拉帕戈斯群岛,我把沿途看到的景象都画了下来。直至现在,许多旅途中的细节我依然记忆犹新。我知道这都是因为持续写自然日记的缘故,所以即使时过境迁,我的记忆也依然清晰如初。

——摘自《一位笔记自然的学生》
(A Nature Journaling Student)
安妮·甘布尔 著

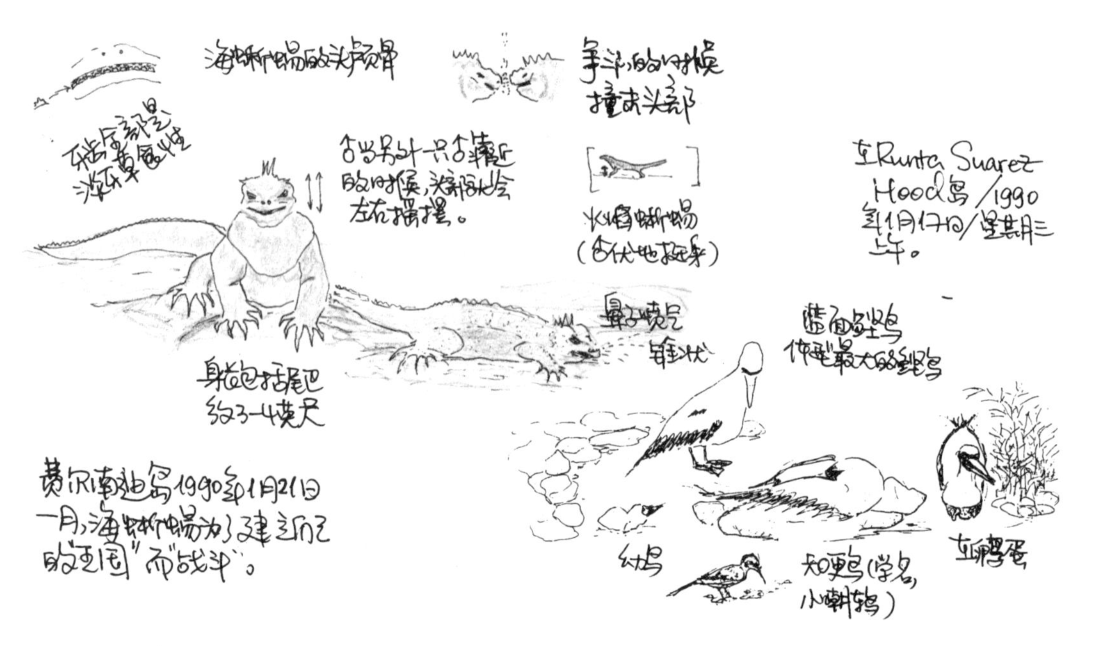

远足途中挥洒自然日记

远足途中写自然日记可以培养专注的精神。当然，它也是让你驻足休息的好借口，另外，你可以借机好好认识这个造访的地方。出外野餐也是写自然日记的好机会，你可以趁机描画、勾勒各种奇闻轶事。

远足开始前，你须填上基本信息（见22页）；然后，散步时驻足观望，并把第一个映入眼帘的长度不足3英寸的东西画下来。接着，按照不同的高度标准：地面、腰高、树顶、天空，分别画一些不同的事物。至于你在每个高度上花多长时间，就要看你跟谁结伴而行了。

北卡罗来那的艺术家曾让珍妮·瑞茜(Jeannine Reese)把各种小篇幅的素描画到同一张纸上，然后用小框框隔开。这样便于记忆那些想记住的植物，想不想试试?

右边，克莱尔用列清单的方法，记录了在前往新罕布什尔州的途中看到的东西。事后，可以参考野地图鉴把插图补上。

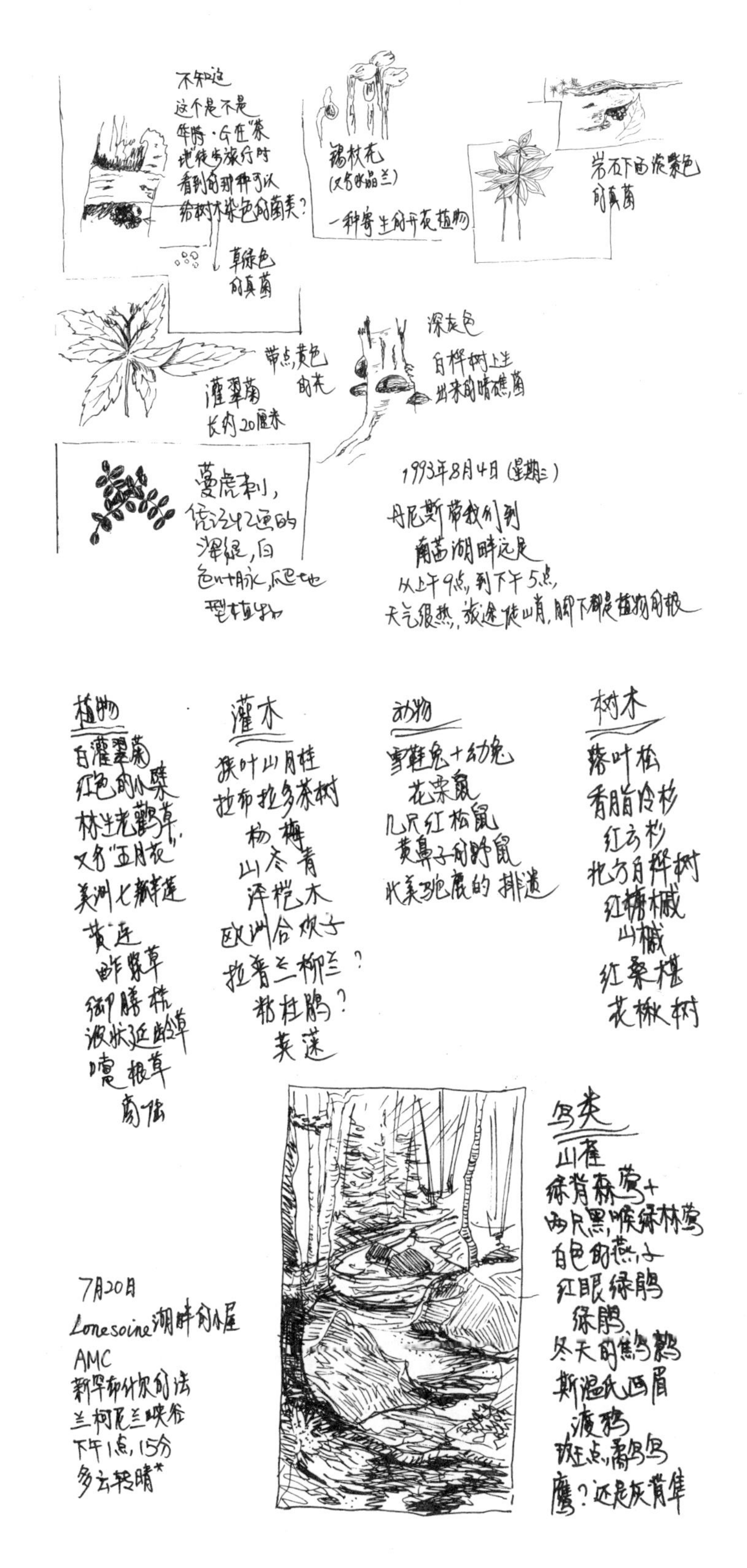

当画画行不通的时候……

芭芭拉·特利住在阿拉斯加，她和家人经常一起去攀岩，或者驾着爱斯基摩人的小船泛舟。以下节选自她出版的《北极奥德赛记事》（*Journal of an Arctic Odyssey*），文字向我们证明：照片与散文相结合的方法也适用于观察记录。当天气或时间不具备野地素描的条件时，相片也是个不错的选择。摄影机瞬间就能完成对事件的记录，事后，我们可以对照着相片精雕细琢。透过相机取景时，请务必选好景物、对准焦距，并仔细地观察目标。

6月14日……

今天，虽然没被雪橇折磨得寸步难移，可这8个小时的远足也着实弄得我们疲惫不堪了。我们置身于巨大的、不牢固的岩石群中央，其间有很多被青苔覆盖着的陷阱。那些3英尺高的柳树杂乱无章地缠绕在一起夹在乱石堆中间，挡住了我们的去路。它们设置的障碍与那些乱石堆不相上下。刚刚脱离了峭壁的魔爪，我们便走进山谷。这时，湿草丛立刻出来拦住我们的去路。我们走进大山的时候，那些急匆匆的、布满巨石的小溪沿着斜坡奔涌而下。那些垫脚石距离太远了，我们都够不着。老实说，有些路段非常好走，比如有些矮矮的野草，踩上去与草坪无异；还有那柔软的、富有弹性的青苔以及靠近河道的光滑的沙地都十分好走。我们时常每隔一个半小时就小憩片刻，卸下包袱，坐在地上，然后啃上几口食物。总的来说，今天还算不错。

今天的旅程中，我们初次看到了公驯鹿。尽管被绒毛包裹着，它们的触角依然显得硕大无比，所以我们立刻就能把它们同雌鹿区分开来。与其他鹿种不同的是，雄驯鹿和雌驯鹿都长着触角。10月份，在第一次发情后，公驯鹿的触角便开始脱落。直到现在，它们的触角才长出了一半而已。从去年起，雌驯鹿们的角就没有褪过，这样它们就可以在冬天与其他的公驯鹿、或未怀孕的雌驯鹿争抢食物。不仅如此，它们在生产的时候，还能把它当作武器抵御捕食者的入侵。母驯鹿的触角比公驯鹿的小，分量也轻一些。它们的形状各异，但大多与小麋鹿的触角相似。我们在地上看到很多老触角，但是只有公驯鹿的头上才有那种大大的、向前突出的、铲状的触角，这是北美驯鹿和一般驯鹿的典型特征。

眼前的驯鹿群里面有公驯鹿，但没有幼崽。它们允许我们靠近些，但又很快地跑开。似乎，它们对我们挺好奇，因为它们只是跑出了很短的一段距离，然后又慢慢地小跑着回来再看我们一眼。我们就这么看着它们跑来跑去，它们扬起来的蹄子踏在湿漉漉的苔原上溅起了串串小水花儿，水花儿在那低斜的阳光的照耀下显得光彩夺目。好一幅绚丽的图景！

看来那头公驯鹿对我们挺好奇

信笔涂鸦

你的素描甚至可以是信笔涂鸦，像下面的作品。这些是克莱尔一边与朋友交谈、或者烤蛋糕时一边画的“杰作”。

家庭节日、故事和难忘时刻的记录档案

留意家庭、邻里之间的小小快乐，记录四季庆典的珍贵瞬间，这就是很多日记作家们的动力。没有必要跑很远的地方去写自然日记。如果你想捕获到所有令人难忘的特殊的时刻，那恐怕就得随身携带日记本了——无论是厨房的柜台上、桌子上、甚至车子里——而且，你会越来越频繁地使用日记。

分享经验

如果你不写自然日记了，那很可能其他的家庭成员受你传染也半途而废：如果你开始动笔写作或绘画，那孩子们可能也想效仿你。所以，请务必把家里发生的故事写进日记里。家庭生活是生命的一部分，理应写进日记里与他人分享。但是，尽量不要把那些情感负荷太重的忧心事写进来，因为你并不想让别人知道这些事，这些事更适合写进私人日记供你独自回忆和思考。

缅怀节日

在丰富多彩的节日中，不妨采撷一些缤纷的图像写进日记里。在家里庆祝的时候，请带上日记本，并描绘那些值得回忆的情景。这样，在结束了某个喧闹的节日以后，日记不仅能给你带来片刻宁静，还能在夜晚时分赋予你新的遐思。

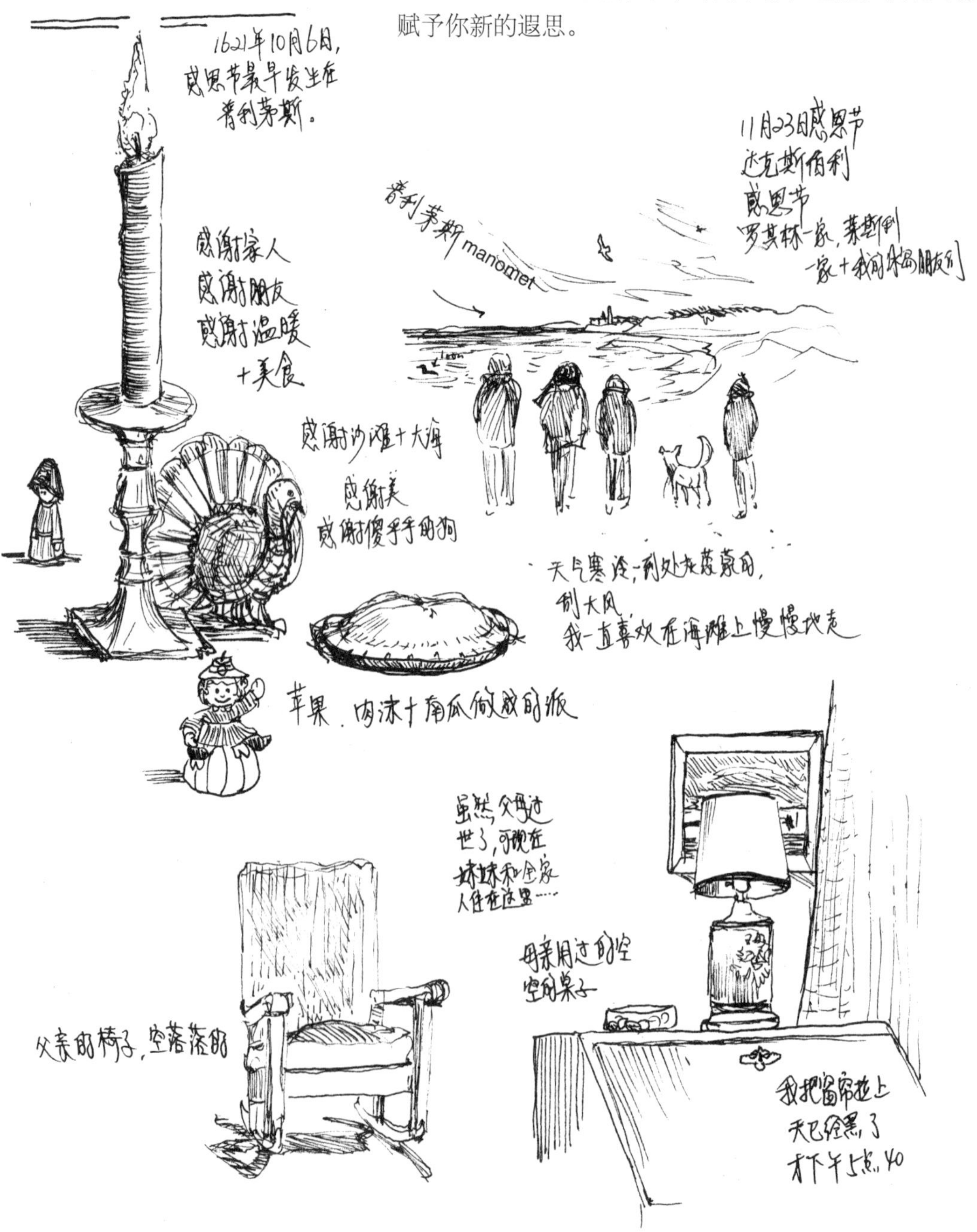

冥思生活中的点点滴滴

以下是加利福尼亚艺术家理查德·盖顿（Richard Gayton）的素描画。他经常通过自然日记来“挖掘一个地方的灵魂”。他会一连几个小时用铅笔或墨水笔慢慢地画花朵、树叶、根茎或者蜜蜂。他发现：观察能让自己变得深刻。

扁平的总状花序，
还是伞状花序？

茎上的尖刺
深红色

加州玫瑰

大多数的蔷薇果实
都有着深红色樱桃般
的红艳颜色

加州蔷薇

蔷薇果实
91年10月16日
(7月中旬我发现的)

花朵与蜜蜂
91年5月17日

一个冥思、疗伤的场所

在用于省思的日记里，人们可能更注重感情、心绪和美学上的细节性描述，而不是一板一眼的科学性描写。这种日记显然更偏重主观认识而不是客观存在。所以，能否不失时机地捕捉你与周围世界的默契关系，是写好这种日记的关键。你现在的心境如何？随着时间、环境的变化，它会发生怎样的转变？在笔记自然的过程中，你可以通过与自然沟通、对话的形式，蓄积起巨大的情感力量来抚平内心的创伤。自然日记提供了一个记录感觉和想法的天地，所以，你可以借助绘画、诗歌和散文的形式自由地抒发情怀。事后，你还可以回顾自己的日记，并进一步思考当时的想法，或许，你能产生更深刻的认识。另外，当消极思想开始破坏你的情绪时，自然日记还能转移注意力，防止病态思想“入侵”大脑。一句话，大自然是所有人的心理理疗师。

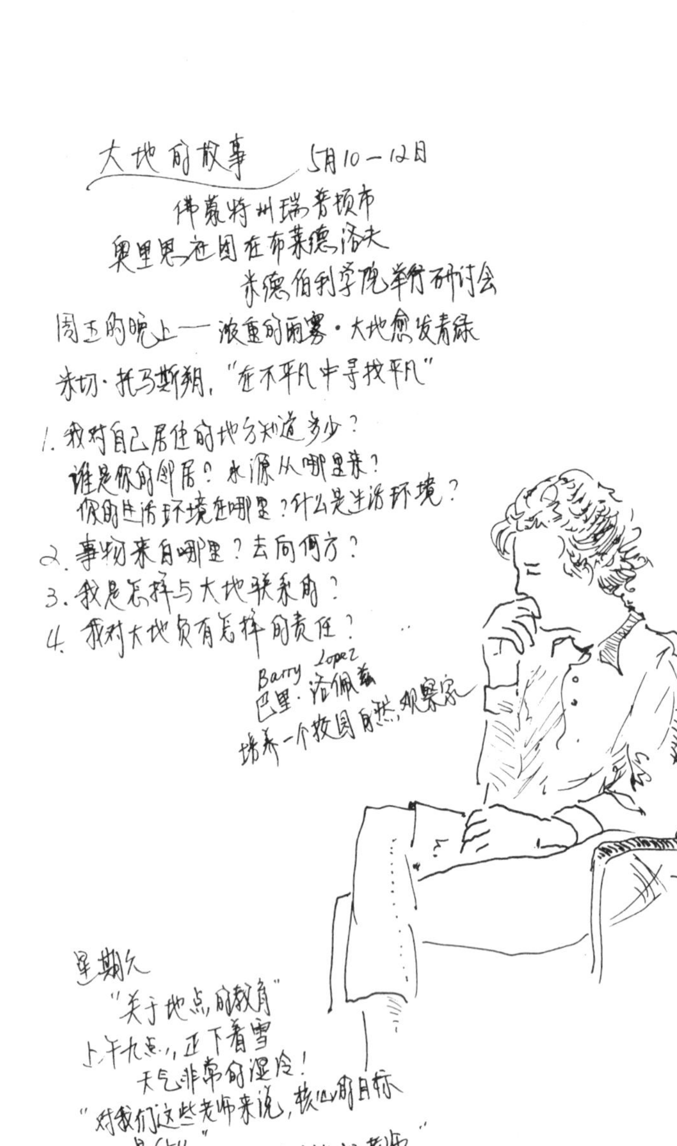

回味他人的言语

自然日记不是狭隘地记录自己对自然风物的沉思。当你目不转睛地注视着天空、大海或汩汩的溪流时，可能也梦想着能从别人的诗歌或自然日记的章节中撷取到只言片语，以便日后细细地咀嚼品味。此外，那些感召性极强的课程、演讲和会议也是记录名言意象的好时机，记下来以后你便可以细细地品味它们的妙处了。

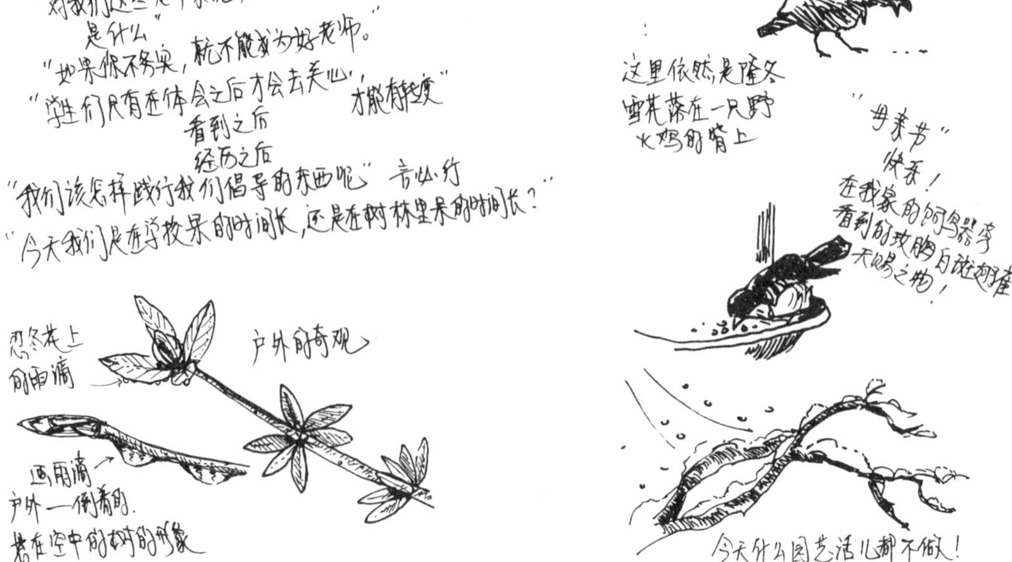

感激上天每日的恩赐

笔记自然还能抚慰受伤的心灵，从而把人们从极度的伤痛中解脱出来。克莱尔说：“在母亲弥留之际，我发现记录一些积极的事能冲淡我心中的愁绪。我把它们称作‘精神恩赐’或者‘每天的非凡意境’。当我陷入哀愁不能自拔的时候，它们让我看到了一个更开阔的世界。这些意境有的美丽，有的好笑，有的古怪，有的突如其来，可它们都毫无例外地源于自然。”

请去寻找一些非凡的意境吧，无论它们是简单还是复杂。把它们烙在脑海里，直到有一天你终于能把它们生动地画出来或者写出来。把它们留在心里，仿佛它们是你心灵的护身符，可以不断地给你力量，让你变得冷静。等到你终于有空把记忆写进日记时，你会立刻觉得内心充满了新的力量。

每日里的非凡意境——于8月1日开始，在格兰维尔

（每天结束的时候，我凭记忆把它们写下来或画下来）

仿佛每天做礼拜似的，它们帮助我度过了母亲弥留之际的痛苦日子。我抓着它不放，仿佛抓住了某个平衡的支点。

8月16日——雨滴仿佛断了线的珠子，倒挂在食品店旁边的一颗松树上。在画画/观察的时候，我又可以顺畅地呼吸了。

8月17日——听到古怪的“唧唧”声从罗加斯特邮局后面的房间传出来，经打听，才知道原来是一个大箱子里装着50只小鸡，从宾西法尼亚被运到法拉利·鲍文养鸡场！小鸡的叫声逗得大家哈哈笑……

8月18日——我从伍德托克（Woodtock）下课后骑车回家。路上，一只宽翅膀的老鹰突然俯冲下来，抓起一只野鼠样的动物。距离如此地近，我甚至捕获到它眼中的亮光。它对生命有什么感触呢？

8月19日——一只蓝知更鸟轻盈地落在林间草地上的椅子上。特里·坦贝斯特·威廉姆斯和我谈论着失去母亲的痛楚。这只鸟的到来，就像一个蓝色的火焰，瞬间点燃我们生命的火焰。

8月20日——雨时下时歇。天气闷热，蟋蟀的叫声此起彼伏。路上四处都是水迹。今天，我得知母亲是癌症晚期，活不了几周了。什么可以支撑我熬过今天呢？雨雾弥漫着低矮、灰蒙蒙的山峰——啊，一只秃鹫正孤单地在迷雾上方盘旋。

8月23日——渐渐圆满的月亮从东方升起，缓缓地掠过高速公路和麦当劳。从医院回来的路上，我们在那里吃了饭。不多久，当我们车开进车道时，一只蝙蝠在车前一闪而过。

8月24日——埃默克和安娜睡着了，我却久久不能入睡。于是我坐在外阶上，听着草地蟋蟀们的“奏鸣曲”，呼吸渐渐变得平缓，甚至听见了土狼们的嚎叫。

8月27日——今天的“今日映象”是什么？这次是安娜决定的：一朵深红色的玫瑰花，芳香扑鼻，是在茱莉·芭比家的花园里发现的。我母亲最喜欢的香味。

8月28日——我在电话里告诉妈妈，满月正从我们的屋背上爬上来。妈妈问月亮什么样子，于是我描绘给她听。我们都记得一起看着月亮升起和降落的日子——而且知道在很多年以后还会看下去。

采用风格迥异的版面设计

一般说来，自然日记作家会把文字、绘画合二为一。可是，在某些篇章里，也可以通篇采用其中一种形式。如下所示，怀俄明州的艺术家、作家和自然观察家汉娜·亨希曼在画驯鹿的时候，就是这样。

汉娜也喜欢用多种方式来融合绘画和观察，这样就能创造出趣味横生的场景来。如果你想看更多的例子，请参看她的新书《落叶上的路：日记是通往某个地方的桥》（*A Trail through Leaves: The Journal as a Path to Place*）。

打破条条框框

在书中的很多章节里，我们对特殊的日记格式着重做了阐述，这对初学者十分有益。但是，随着经验的积累和日记技巧的成熟，同样的格式却可能成为制约创造力的桎梏。所以，千万不要被这些条条框框所累！以下就是个很好的例子：这些日记作家分别摒弃了日记的“金科玉律”，并运用不同风格的创造性地表达内心的想法。

描绘地图和添加剪报

简单的地图不仅有助于创作和描绘自然日记的内容，还可以直接用于描绘观察心得。在报刊文章上或年历报导上，你也可能找到某段特定的时间内自然界里的活动“亮点”。你可以把它们粘在日记本的某页上。（右侧的重印文字承蒙波士顿《地球报》的鼎力协助；下方的年历则要感谢艾伦·麦克罗伯特先生的授权。）

Birds in flight; moose in love

By Tom Long
GLOBE STAFF

Nature Watch

September is a month of migration as millions of birds soar south toward warmer climes and greener pastures. But birds aren't the only animals that head south for the winter. One of the most remarkable migrants is the monarch butterfly, the orange and black denizen of milkweed patches that flutters 3,000 miles south on tissue-thin wings to a stand of oyamel fir trees in Sierra Chincua, Mexico. It's an incredible journey made by more than 100 million of the fragile insects that brave daunting winds and weather, trains, planes and automobiles to answer the instinctive call of Mexico. Nobody knows the reason for this remarkable journey, but they've been doing it for more than 30,000 years. Next May, the females head north and lay their eggs so the next generation can continue the cycle.

Sept. 1: As the sun sets, the drone of crickets, the song of September, fills the night air.

Sept. 2: It's mushroom season in the woodlands as the pale-capped fungi push up through the decaying leaf litter on the forest floor.

Sept. 4: It's mating season for moose. You can expect the stilt-legged twig-eaters to show up in unlikely places when young moose go looking for love in all the wrong places.

Sept. 5: Out in the Berkshires a turkey is spooked by a noisy hiker. The 50-pound tom can run from 15 to 20 miles per hour for short distances when startled.

Sept. 7: As acorns ripen and fall, gray squirrels skitter and scramble to reap the bounty and bury the nuts for midwinter munching.

Sept. 9: The height of hay fever season. This year should be particularly uncomfortable for those affected because numerous thunderstorms have created ideal conditions for ragweed.

Sept. 10: A skunk circles a honeybee nest. The aggressive omnivore will eat even the bees as it fattens up for winter.

Sept. 12: Broad-winged and sharp-shinned hawks ride the thermals above hills and ridges as they slowly make their way south.

Sept. 15: Black ducks begin to arrive at their wintering grounds on Dorchester Bay after summering at inland lakes and ponds.

Sept 19: Full moon, the harvest moon. Before the invention of the electric light, farmers made hay in the moonshine.

Sept. 21: The great hurricane of 1938 swept in from the sea, flooding downtown Providence with 13½ feet of water before roaring up the Connecticut River Valley. Its 100 m.p.h. winds snapped and uprooted millions of trees throughout

Sept. 23: Autun
a.m.

Sept. 25: Asters
tected thickets.

Sept. 28: The fi
rives about now.

Sept. 29: On s
snapping turtles er
buried in the mud
the safety of the wa

Sept. 30: Marsh
as the trees start to
in preparation
drought.

showers and thunderstorms. Humid. Highs in the upper 60s.

New Hampshire: Becoming mostly cloudy with afternoon showers. Highs in the upper 60s. Tonight: showers. Lows 60 to 64. Tomorrow: continued cloudy with scattered showers. Humid. Highs in the upper 60s.

Vermont: Becoming mostly cloudy with scattered showers in the afternoon. Highs 64 to 68. Tonight: showers. Lows 50 to 55. Tomorrow: continued cloudy with showers likely. Highs in the 60s.

EXTENDED FORECASTS

Massachusetts, Rhode Island, Connecticut: Friday: partly sunny and cooler. Highs 65 to 75. Saturday: mostly sunny, continued cool. Highs in the mid 60s.

Maine, New Hampshire, Vermont: Friday: partly cloudy and noticeably cooler. Highs in the 60s. Saturday: mostly sunny and continued dry. Highs in the 60s.

ULTRAVIOLET INDEX

▶ Today's forecast of ultraviolet intensity: Low. People with fair complexions will be safe in the sun for 15 to 20 minutes without protection; those with more protective skin types will be safe for 75 to 9stat0 minutes.

POLLEN COUNT

▶ Yesterday's mold spore count: 10; and pollen count: 9 (on a scale where 0-3 is mild, 4-6 is moderate and 7-10 is severe) according to the New England Allergy and Immunology Corp.

AIR QUALITY

▶ Today's air quality forecast: Good statewide, according to the American Lung Association and the Massachusetts Department of Environmental Protection.

Forecasts © 1994 Weather Services Corp.

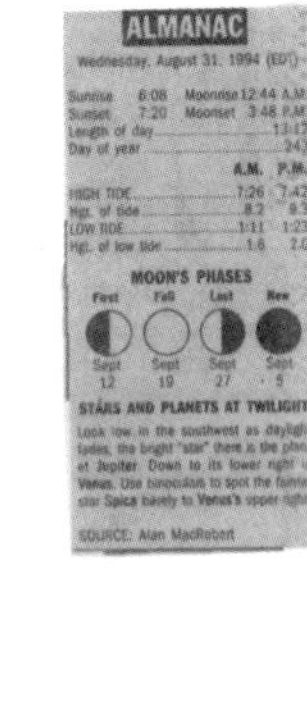

ALMANAC

Wednesday, August 31, 1994 (EDT)

Sunrise	6:08	Moonrise	12:44 A.M.
Sunset	7:20	Moonset	3:48 P.M.

	A.M.	P.M.
Length of day		13:12
Day of year		243
HIGH TIDE	7:26	7:42
Hgt. of tide	8.2	9.3
LOW TIDE	1:11	1:23
Hgt. of low tide	1.6	2.6

MOON'S PHASES

First	Full	Last	New
Sept 12	Sept 19	Sept 27	Sept 5

STARS AND PLANETS AT TWILIGHT

Look low in the southwest as daylight fades, the bright "star" there is the planet Jupiter. Down to its lower right is Venus. Use binoculars to spot the fainter star Spica barely to Venus's upper right.

SOURCE: Alan MacRobert

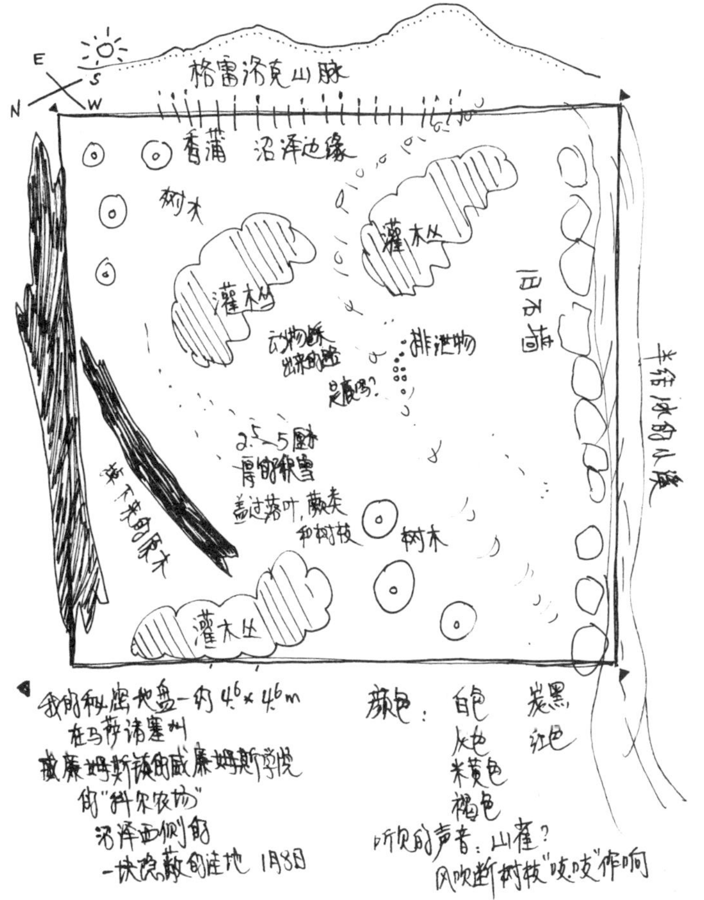

自然日记二、三事

一些经验最丰富的自然日记作家在一些佳作中向我们展示了自然日记作为一种写作方式的多变性和丰富性。在《大地之语》（*Words from the Land*）的序言中，史蒂芬·特林布尔（Stephen Trimble）向我们描述了去拜访作家兼自然学家约翰·海的一段经历：

> 约翰·海的公寓在新罕布什尔的汉诺威，我在那里住了一晚。他在那里教年度秋季班。正当我要上楼睡觉时，他拿出了一个大箱子给我看。原来，里面都是一捆捆、一摞摞的衣服口袋大小的线圈日记簿和黑色的袖珍硬皮本。他把这些都装在一个从芝加哥大学定书后留下的纸箱子里。日记本上都是他为写一本关于燕鸥的书——《生存的精灵》（*Spirit of Survival*）所作的各种野地笔记。
>
> 我从头至尾粗粗地把这些歪歪扭扭的笔记看了一遍，随后，我发现这些本子恰恰表现了日记作家文稿中特有的精神。文稿中包罗万象，其中包括一连串的想法、问题、日记引述；很多书的书名；在海岸上出人意料地听说关于干草棚节[1]的奇闻；鸟类观察；路上遇到的行人的地址；奥吉布瓦人（居住在北美苏必略湖畔的印第安人）和米克玛克人（居住在加拿大东岸的印第安部族之一）；诗文草稿；树叶素描；搔首弄姿的大黄足鹬，在空中盘旋和要降落的绒鸭；方向标、内耳的感觉器官；关于天气的评论；除此以外，还有以下的文字记录的碎片：
>
> - 自然——难道只存在于我们的周围，而不能与我们同在，或者留在我们的心里吗？
> - 爱我们的土地，就要爱它熟悉的感觉“叽——哩——，叽——哩——”一边叼着鱼—— 一边宣布满载而归
> - 在高空中求偶，激情四射地大声叫着“咕哒——叽——”
> - 鱼的大小与季节有关吗？
> - 蚂蚁
> - Kik Kik(删除)kikik
> - 无论是有心地，还是无心地，我们都十分在乎这件事：不知道宇宙能否容纳我们人类——这些不合常规的降生物。或许，我们最好还是先问问自己有没有接纳整个宇宙的胆量吧。
> - 4月30日——燕鸥飞离了海岛
> - 玫瑰色的燕鸥要在开阔地上交配
> - 梦，是一个轮廓，等着我们去填充
> - 好奇、希望、愤怒、爱情、刺激、暴饮暴食、速度、放慢时间的脚步、迷惑。

注释：

1 干草棚节：一种裸体者举行的活动。在夏季，裸体者们在盛放干草的棚子里享受大自然的恩赐，并彼此用干草相互嬉戏打闹。

第二部分

四季自然日记

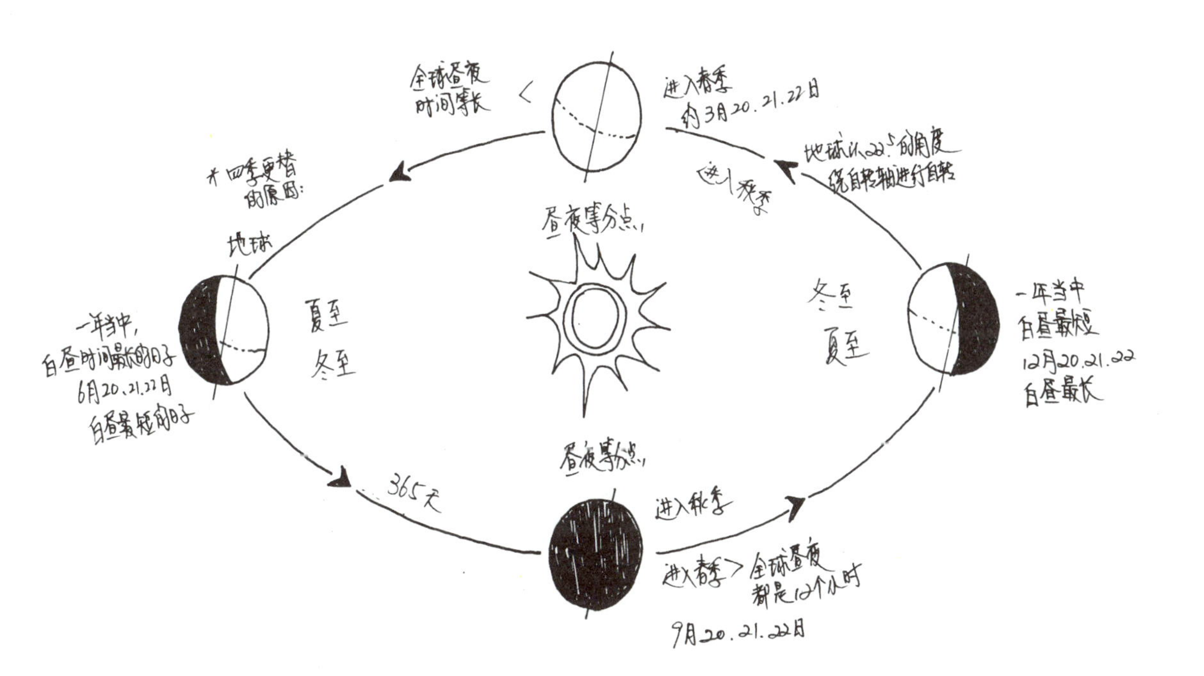

我们这些从事地球科学和地球生命研究的人有一种共同特征——不知“无聊”为何物。不论怎样，我们都不会觉得无聊。世界上总有新鲜的事物等着我们去探索。每一次谜团的破解，只会引导我们步入一扇潜藏着更大谜团的门。

——雷切尔·卡森（Rachel Carson）

只是在家附近走了走，就发现了很多秋天的迹象

9月18日
马萨诸塞州的剑桥市
圣亚文山大街
上午9:30分

阳光明媚，令人心旷神怡
低温21°C + 凉风习习
不再湿黏

听到的声音：飞机的轰鸣声
风儿吹过树叶的"哗哗"声
一只蝉叫
一只蟋蟀鸣

亚文山的一角：见cafe家

到了九月，
万物仿佛都变得焕然一新。
孩子们回学校上课。
我又要舒活一下筋骨了……

苍白色的
种子球挂
在枝丫末梢儿

现在大黄蜂出来
守卫自己的草皮

随处都能看到蚂蚁

有人在这里栽了一
株焦红褐色的
镶着深橘黄色
花边的万寿菊

小松鼠聚精会神
地看我画画

苍蝇"嗡嗡嗡"
地到处乱飞

第四章

永不停息的自然日记

为了让自然日记最大限度地发挥作用，我们要试着把它融入生活。要日复一日、年复一年地记录自然，让自己笔耕不辍。可以理解的是，所有人都很难做到这点，因为笔记自然毕竟不同于工作、学习或者生活，它不是必不可少的。即便如此，随着不断地写日记，你会发现：自然日记是联结生活中各种元素的纽带，它会给你带来快乐、轻松、安宁，还可以增加学识以及让我们切身感受到与大自然的密切联系。诚如克莱尔的一位朋友所说：“如果有阵子没碰自然日记，我就会心绪不宁，无所适从。”显然，我们不能以金钱价值观来衡量自然日记的价值——因为它的价值要靠心灵的天平来定位。

倘若你想把自然日记当作日常事务中的一部分，一个较为简单的方法是在日记中设立一个主题或课题。无论你设计了什么主题或者研究了哪些特殊的地方、事物，你与自然日记的“约会”都是激励你规律地走到户外，观察并记录不同季节里的故事的动力。

当你出外去领略自然的时候，请选择一个概括性强的主题，比如：我的大自然里的邻居们、四季更替中我与自然的互动等。这个主题会指引你的认知方向，使你不致因为局限太多而掉进死胡同。自然日记鼓励着你去挖掘那些造访地的灵魂，从而帮你更深入地理解这个世界。但是，如果你只是大自然的匆匆过客，则无缘这种深度。

通过你的自然邻居，不仅能认识观察周围的人，还能了解周围所有的有生命的事物，包括植物和动物。这些非人类的邻居才是各色环境的主角，是它们主导了某个地方的特色。你不妨在日记里试着给每个自然邻居画上一幅画像，并叙述它们的活动以及你和每个邻居之间的互动关系。

无论你家住何方（城市、乡村或者郊区），都不影响你与周围世界的互动观察。当你为着食物、水、房

子、娱乐、伴侣和灵感而到处奔波的时候，你会遭遇到自然界里形形色色的其他人、其他生物、事物和事件。这些，就是自然日记的长期“食粮”。

人们为什么要写日记呢？嗯，其实没什么道理，写就是写。有人每天看晨报，有人每天看晚报，有人打电话招呼邻居，有人工作时候聊天。我呢，则在画纸上找默契，这就是我的世界。

——克莱尔·沃克·莱斯利

书写季节日记

或许，“变幻的四季”是写一本不间断的自然日记的最显著、最可行的主题了。它最大的优势在于：通过整年的日记观察，你可以逐月见证这个循环里户外到底发生了多大的变化？到底有多少风景会呈现在我们的眼前？在循环往复中，你会发现虽然每年的形式一样，但具体到每个细节，又各有千秋。

想不想让日记保持生命力，并不断提高水平？实现这个目标的关键在于，要选那些必然会规律性变化的事物和地方，并本着“规律地、准确地记录自然界的变化”的宗旨。比如，你可以简单地观察家里附近的一棵树，注意它一年四季怎么变化，同时，也要注意树上的生物怎样和树互动，比如：在树上觅食、躲避风雨、搭窝或者凿穴。

以季节性观察为核心

在你观察的事物和生物中，有的变化显著，有的变化微妙，甚至不仔细看都看不出来。它们随着温度和光照的变化，发生季节性的变化。以下是一些建议，有助于更专心地进行观察：

选择一个容易观察的公园或者街道角落

谁会来这些地方？什么时间来？他们在那里做什么？那里的人和动物怎样进行互动？你对眼前发生的一切有什么感受？如果你不喜欢变化，你有什么办法劝说别人停止或者减缓这些变化？

追踪天空里的蛛丝马迹

天空被染上了什么颜色？这些颜色在或短或长的时间里发生了怎样的转变？观察描绘云彩的形成过程。你能解释云形的变化与天气变化之间的关系吗？天气状况怎样影响你的情绪？天上能看到什么物体，人造的、还是天然的？

四季的成因

由于我们居住的星球是沿其轴心倾斜的，所以在不同的季节，地球的各个地点接收到的光照量和光照强度也各不相同。这一点大大影响了生物们在不同时间里的活动。

地球绕着自转轴不停地进行自转，每天转360度。在自转过程中，地球的各个部分先是受到太阳的照射，之后又渐渐地远离太阳光的照射，于是就发生了昼夜更替现象。地球还沿着23.5度的轴心线缓慢地围绕太阳进行公转，公转一周大概需要365天，也就是一年。

地球的倾斜角度意味着一年里不同的地方受到的光照是不同的，因此，就产生了季节变化，也就是我们熟悉的春、夏、秋、冬。地球的倾斜还是南北半球季节正好相反的成因。

观察月亮

地球上，几乎任何角落都能观察到这个夜空中最亮的照明物——月亮。

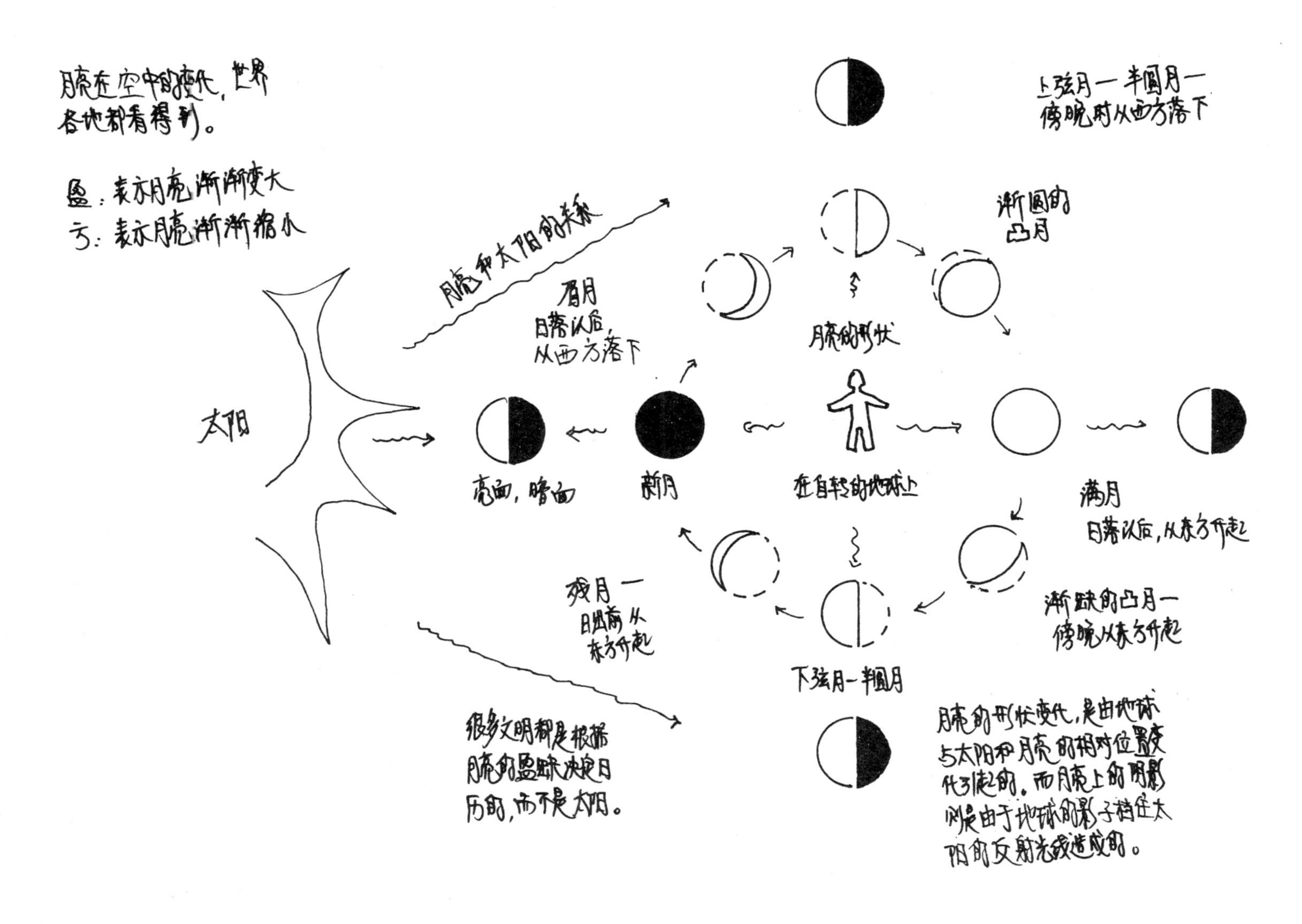
月亮在空中的变化，世界各地都看得到。
盈：表示月亮渐渐变大
亏：表示月亮渐渐缩小
月亮和太阳的关系
太阳
眉月
日落以后，从西方落下
亮面，暗面
新月
月亮的形状
在自转的地球上
上弦月—半圆月—傍晚时从西方落下
渐圆的凸月
满月
日落以后，从东方升起
渐缺的凸月—傍晚从东方升起
下弦月—半圆月
残月—日出前从东方升起
很多文明都是根据月亮的盈亏决定日历的，而不是太阳。
月亮的形状变化，是由地球与太阳和月亮的相对位置变化引起的。而月亮上的阴影则是由于地球的影子挡住太阳的反射光线造成的。

季节路标

从本质上讲，当你乘坐着地球这颗行星绕太阳进行“年度旅行”时，自然日记实际上就是对这次旅行的私人记录。这次旅行会带着我们体验四个主要的节气坐标——春分、秋分、冬至、夏至。

四季中观察、描绘和记录主题

季节	鸟类	动物
秋季	¤观察椋鸟、苍鹰、鹅和沿海鸟类的活动变化，过冬准备和南迁迹象。 ¤知更鸟、小嘲鸫、燕子现在以什么水果为食?	¤寻找过冬迹象，包括蝴蝶迁徙，蜻蜓迁徙，蟋蟀、蝉、蚂蚱的叫声变化等。 ¤观察火蜥蜴、鼻涕虫、蜘蛛、潮虫、鱼向黑暗的地方迁移。
冬季	¤哪些动物不冬眠?在哪儿能找到它们? ¤观察饲鸟器周围的鸟的习性，比如：主红雀、家燕、咕咕叫的鸽子、蓝雀等。 ¤寻找野生鸟类的踪迹，像猫头鹰、苍鹰、火鸡、野鸭、秃鹫、乌鸦等。	¤什么生物冬天里依然出来活动? ¤它们吃什么? ¤什么生物冬眠或死亡? ¤观察那些不冬眠的动物：苍蝇、蜘蛛、蜈蚣、兔子、红松鼠或者灰松鼠、狐狸、考拉熊、鹿、驼鹿、驯鹿群。 ¤寻找泥浆或者雪地里动物的脚印。
春季	¤寻找那些最早从南方赶来的鸟类：海湾鸭、海鸭、黄莺、燕子。 ¤观察那些在附近筑巢的鸟类：椋鸟、家燕、乌鸦、知更鸟、主红雀。	¤观察蝴蝶、蚯蚓、花鼠、昆虫、青蛙、蟾蜍、大马哈鱼、鲱鱼、驯鹿、白大角羊。
夏季	¤通过识别鸟的叫声、鸟的生活环境来识别鸟的种类。 ¤阅读鸟类图鉴并练习画鸟的轮廓：蓝雀、山雀、喜鹊、红尾鹰、歌带巫、绿头鸭、银鸥、白嘴潜鸟。	¤现在是青蛙、蟾蜍、蛇、火蜥蜴、乌龟、蜘蛛和蚯蚓的生育高峰。记录它们在做些什么。 ¤集中精神听夜里的各种叫声：蟋蟀、猫头鹰、老鼠。 ¤学习本地动物及它们的习性，并练习画它们的样子。

在每个时期，要观察、记录的自然事物事件都不胜枚举。参看以下的表格，想想究竟一年四季还要研究哪些动静，哪些事物，哪些变化？这只是个开头，可能，你很快就会改变关注焦点和问题。当然了，这些要视你的生活环境，以及你个人的爱好而定。

植物和树	天气、天空、风景	季节性庆典
¤哪种植物最晚开花？紫菀、秋麒麟草、菊苣、金盏菊、还是蛋黄草？ ¤哪种树木和灌木会掉叶子、变颜色？ ¤观察并画出各种各样的树木的种子、坚果和水果。	¤留意天气变化。 ¤画云的形状、日落、雨点的形状。 ¤自然界里，哪些声音在不断地变化？ ¤9月22日以后，白昼会明显地变短。画一小幅风景画，要展现出树的形状和颜色的变化。	¤秋分 ¤帐篷节① ¤万圣节② ¤感恩节 ¤落叶节 ¤凯尔特年历的年底
¤画冬天里树的轮廓。 ¤观察落叶树的枝丫、叶子、花和花蕾的形状。 ¤观察常青树的种子和球果。 ¤观察宽叶常青树的叶子和叶芽。	¤注意观察天气的变化。 ¤画雪花的形状。 ¤观察雨的类型。 ¤记录各种月相。 ¤描绘星群的轮廓。 ¤12月22日以后，白昼变长。 ¤画一小幅风景画，要表现出今年这个时节的树和土地的样子。	¤冬至 ¤光明节③ ¤基督降临节和圣诞节 ¤匡扎节④ ¤冬天和新年 ¤土拨鼠节⑤
¤寻找那些第一批绽放的花朵。北方：蕃红花、雪花莲、水仙。南方：仙人掌、孤挺花、一品红。 ¤记录第一次看到的树木发芽、开花。 ¤按照海拔的高低顺序画出先后开花的植物。	¤记录雨、泥浆、雪和半融化的脏雪的样子。记录温暖天气和寒冷天气的变化迹象 ¤在泥浆里寻找动物的脚印。 ¤3月21或22日以后，白昼明显变长 ¤画一小幅风景画，要表现出树木和大地的早春迹象。	¤春分 ¤国际地球日⑥ ¤复活节 ¤逾越节⑦ ¤五·一 ¤春耕节 ¤凯尔特年历的夏季第一天
¤记录后院的花园、公园、废弃的场地、田地和草坪的生长状况 ¤开垦一个自家的花园，栽种并记录植物的生长状况 ¤找一本野地植物图鉴，并学习辨识植物的生长环境	¤通过本地报纸、电台广播、电视、天文馆和年历学习有关天气的知识。持续一个月记录天气状况。 ¤6月21日或6月22日以后，白昼时间变短。 ¤画一小幅夏天的风景画。	¤夏至 ¤美洲土著人的太阳节⑧ ¤8月1日被称为“lamamas”，凯尔特年历中意为秋天 ¤国际丰收节

季节自然日记范例

以下四章将向读者们展示若干四季自然日记的范例，这些范例大多是从克莱尔的日记中挑选出来的。我们之所以选这些，是希望能给读者们带来些灵感，愉悦大家的神志，并对一些可在日记中尝试的练习进行说明。

克莱尔自述的日记之旅

我是在成为艺术家之后，才开始研究自然的。我年复一年地写着自然日记，渐渐地，我对周围世界的理解也点点滴滴地多了起来。每逢1月、6月或是9月，或是我写完一整本日记的时候，我都会立刻开始写新日记。一晃19年过去了，我一次次地翻看、参考那一摞摞的日记。我在日记里寻找有关开花的日期、第一场雪的日子、孩子们的聚会，以及为教学而拜访过的各种各样的地方等资料。前不久，有人跟我说：“今年春天来得太晚了。”于是，我翻看了以前的几个日记本，发现，若干年前我也多次发出类似的感慨。然而，时光一年年地流走，我每年不停地记录着3月中旬飞回来的东菲比霸鹟、鹩哥、红翅黑鹂以及五·一期间的挪威枫叶。我不禁惊讶了，原来大自然还在给予我们这些新英格兰人无限惊奇!

一次，伟大的加拿大野生艺术家罗伯特·贝特曼(Robert Bateman)对我说：“我可以把我的画卖给你，也可以把日记的影印本送给你，但这些线圈日记簿是我最重要的财产，它们寄托了我研究的灵魂。”我对自己的日记也怀着相同的感情。

我一年到头不停地写自然日记，这样我就可以经常走到户外。我会因此变得神采奕奕、充满好奇，哪怕是树叶轻轻一动也能让我立刻兴奋起来。它成了我生命中的永恒——它是我每日祈祷的一部分，应该说它一直是我的祈祷词。诚如我的一个学生所说：“如果没写日记，我就感觉像丢了什么似的，于是就盼望有个伙伴过来帮我理出生活的头绪来。”

在以下的章节里，我无法把所有的自然日记一一呈现给大家，也不能赠给大家什么，我能给大家的，只是一些关于自己是怎样在四季更替中记录自然日记的零碎建议。但是，我可以举例子，提建议，传授零零碎碎的小窍门，真诚地希望有朝一日你们也能达成所愿。

当你阅读接下来的篇章时，我想介绍一些我的工作背景及经历，这些大概对你有帮助。大部分时间里，我都用一种8.5 × 11英寸的硬皮日记本，每年我都连续地用这种本子写日记，用完一个后才会用新的。如果哪个本子用了一年多或者不到一年，也无所谓。当我去参加会议或者进行某次特殊的旅行时，我常常专门带一个小一点的本子以便做特别的记录。我乐于尝试不同规格的本子，大小都可，所用的纸张质地也不尽相同，或是粗糙、或是光滑、或是五颜六色。你会发现，文具店或者艺术品店里有各种不同规格的空白日记本。试试看吧!

我的自然日记，反映了我的生活状况和居住的环境——我们在马萨诸塞州的剑桥有个小公寓，在佛蒙特的郊区有个老农舍。我们在两地之间来回奔波，这种状态持续了20多年。我有两个孩子，一大一小，这些从我的日记里就能看出来。我还有个善解人意的丈夫，他非常理解我的绘画和我做的记录。我没有正式的画室——只有几张画桌、一个大书架。我已经学会了在任何地方画画，而且我就是这么做的!

正如我在一些日记篇章中反映的，新英格兰地区的四季变化十分鲜明。我也写过几篇关于新英格兰以外的地方的日记，以便衬托出不同的生活环境的相同点和不同点。

这些日记展现了不同的绘画风格。我是个专业画家，我文件夹里的工笔画和水彩画都比这些日记里的画细致、复杂、完整得多。但是，在我的自然日记里，我基本只给自己画，所以你也可以只为自己画。有时我粗枝大叶，有时又干净利落；有时我画画只用30秒，有时却要花上2个小时；有时我和8岁的孩子们一起涂鸦，有时也和大学生们一起创作。我尽量选择多种多样的画风，衷心地希望我选的主题对大家写日记有所帮助。

我选取的一些片断可能显得天马行空，随心所欲，因为我的日记除了给自己欣赏之外，还用于教学。这些作品有的是在讲习班上或者课堂上画的。无论你们是独自一人还是与他人一起，也无论你们是在课堂上还是在旅途中，希望你们能从中获得一些灵感。

一些画画的小窍门

在我的日记里，我主要用一种黑色的“百乐”牌毛毡尖笔。我发现自己用钢笔会写得、画得更精彩。可是，由于我总是丢三落四或者把钢笔借给别人，所以就只好用一支廉价的钢笔。我还喜欢钢笔和彩色铅笔混合用的效果，它特殊的笔尖儿不会让墨水渗到纸的背面。你不妨都试试，看看自己喜欢哪种。

即使想不出来要画什么，从哪里入手，也不用担心。只要你开始写，开始画，就会发现其实随时随地都有东西等着去挖掘。最重要的是，要享受这种乐趣。正像一个城市里的二年级学生说的那样：“自然吗？至少，我可以画画天空。”

注释：

1. 帐篷节(Sukkot)，犹太人的节日。其原初意义是为了纪念农民在秋收时节住在野外的帐篷内，以便及时收获成熟的庄稼。后来，被人用以纪念以色列人在旷野漂泊40年中所住的帐篷。

2. 万圣节（Halloween），在西方国家，每年的10月31日都庆祝这个节日。辞典里解释为"The eve of All Saints'Day"，中文译作：万圣节之夜。

3. 光明节（Hanukah），这个节日是为了纪念2200年前犹太人战胜希腊的叙利亚侵略者以及随后发生的他们所认为的奇迹，前后共持续8天。

4. 匡扎节（Kwanza），在斯瓦希里语（Swahili）中是"初熟果"的意思。

5. 土拨鼠节(Groundhog Day)，指的是每年2月2日举行的北美土拨鼠节。

6. 国际地球日（International Earth Day），4月22日，在这一天里，世界各地的人们身着蓝绿色衣服举行各种保护地球的活动。

7. 逾越节(Passover)，犹太教三大朝圣期之一，纪念当年以色列人举族迁出埃及的前夕，上帝击杀埃及境内第一个出生的人和牲畜的事。

8. 太阳节（Native American Sun—dance Festivals），印第安人信奉太阳神，对着太阳顶礼膜拜。这一仪式逐渐演化成今天的"太阳节"。

9. 圣帕特里克节（St. Patrick's Day），每年的3月17日，是为了纪念爱尔兰守护神圣帕特里克。这一节日5世纪末期起源于爱尔兰，美国从1737年3月17日开始庆祝。公元432年，圣帕特里克受教皇派遣前往爱尔兰劝说爱尔兰人皈依基督教。他从威克洛上岸后，当地愤怒的异教徒企图用石头将他砸死。但圣帕特里克临危不惧，当即摘下一棵三叶苜蓿，形象地阐明了圣父、圣子、圣灵三位一体的教义。他雄辩的演说使爱尔兰人深受感动，接受了圣帕特里克主施的隆重洗礼。公元493年3月17日，圣帕特里克逝世，爱尔兰人为了纪念他，将这一天定为圣帕特里克节。

第五章

秋天的自然日记

秋天是开始写自然日记的最佳时节。学校又开始了新的学年。夏天结束了，拖累我们的酷热也远离了大地，于是我们不再懒散。清晨变得更加凉爽，日照也不那么炙烈，一个新的季节正迈着轻快的步子朝我们走来。动物、植物都跃跃欲试，为迎接这几个较为凉快的月份积极地做准备。或许，你住的地方可能终年温暖如春，但是动植物们照样会有换季现象，只不过不是根据冷季和暖季变化，而是根据干季和湿季变化。在我们居住的地方，9月、10月、11月是秋天。当然，如果你住在南半球，那情况可能有所不同。

秋天何时来到？

秋季通常也被称为“落叶季”。在一些生长着落叶树的地方，“落叶季”尤其指晚秋时节，因为这个时候树叶会从树上落下来。秋季和“落叶季”可以交替使用。

观察秋天

由于你居住的地方不同——比如城市、郊区、乡村或者沙漠，所以你在日记上描绘的主题必然也有所差异。开始时，你须在周围走上一遭，悉心观察并描绘各种秋天的迹象。在一张两页的画幅上，让秋天的意象一个接一个地跳跃在画纸上。

以下概括了一些不同的主题，不妨在今年秋天详细地观察一番。（参看“推荐阅读书目”，这些主题有助于观察。）

植物

秋天里，什么植物依旧开花？什么植物结果？找几样不同的野草，灯心草和莎草种子梢儿，然后画下来。

画5种不同植物的叶子，比较它们的轮廓有什么不同。什么植物的叶子在秋天变色？画出身边的5种野花，并识别它们的种类，看看它们是否曾被用于烹饪、药品或者当作羊毛的染剂？罗杰·T·皮德森所著的《野花图鉴》(*A Field Guide to Wildflowers*)是一本不错的参考书（见“推荐阅读书目”）。

树木

什么树木在秋天变色？画出5种颜色不同、形状各异的叶子。看看同一种类的树木是否颜色相同？秋天里，是否每一种不同的树木的叶子都会有不同的颜色变化？秋天里，树叶变色传递了哪些信息？辨识不同的树木和灌木的水果、坚果和种子，并画在纸上。用图画表现出落叶树木和常青树木的不同之处。画出你身旁的5种树的轮廓并识别它们的种类，看看哪些树是土生土长的？哪些是从国外引进的？

动物

阅读8种最普通的、住在你家附近的动物的知识，比如兔子、松鼠、狐狸、青蛙、鱼、蝴蝶、蚂蚁、火蜥蜴或者乌龟，把它们画下来。尽量从真实的生活中取景，如果行不通，也可以参考照片或者到动物园去画。研究动物们的脚印特征，并画下来。画的时候，要注意每个脚印的大小、脚印之间的距离和前后脚印间的宽度。不要忽略了小动物们——比如昆虫啦、木虱啦、蜗牛啦等等，看看它们是怎样忙前跑后地准备过冬的!

鸟类

哪些鸟生活在你家周围？哪些鸟定期迁徙？哪些鸟在附近过冬？画5种本地鸟，比如乌鸦啦、知更鸟啦、蓝松鸦啦、鸽子啦、喜鹊啦、隼、山雀和五子雀等，尽量从生活中取景或者看着照片画。

天气与季节

你见过哪些月相？什么时候见到的？画出云的形状并留意天空的颜色变化。掌握云的各种类型及其预示的天气状况。制作一个“每日天气温度表”，这样你就能预测本地的天气变化了。秋天对你有哪些意义？秋天有什么盛大的庆典？美国人的“感恩节”与其他文化中的有关秋天的收成庆典有什么关联没有？

你自己

面对秋天，你有什么感想？那些变幻的色彩对你有什么影响没有？对你而言，什么最能象征秋天？把它们画出来吧!

自然绘画练习：落叶树

落叶树的画法
9月28日 星期四
马萨诸塞州
阿灵顿市哈代小学
向六年级的学生们展示
怎样在室内
和学校操场上
画树木
1. 树木外部形状各异
须先观察整体轮廓
树只有一个树干
灌木则有若干树干
每值秋季，落叶树的叶子就会
脱落，这样可以减少水分流失，
同时避免承受过重的冰雪。
常青阔叶树的叶子
很厚，才能禁受严冬的考验。
冬日里，杜鹃
花的叶子
寒冷的时
叶子蜷缩以减少受冷面积
2.
画轮廓有助于
观察树形
现在从地基处开始往上
画树干，一直画到叶子长
出来的地方
3.
4. 在纸上做标记
（不要超过6个或7个）
并在标记的范
围内画树。如果画
整的纸都用于
画树，就太费时了。
5.
5.a
画阴影线，让阴影线围成
一个圆，这样在平整的
纸上会产生圆的视觉效果
5.b.
6. 画树的其他
各个部分：
·花蕾+嫩枝
·种子+果实
·树叶
·动物活动
的迹象
橡树
象征性的
树叶的形状
枫树
山胡桃树
漆树
山茱萸
白桦，橡木
糖槭
考虑到树叶受光和受阴
的情况，先画出主要的
树叶群，并在树叶
群之间画上枝丫。需
要的话，可以在树干画些阴影线。
松鼠们
在树上搭的
"树叶窝"
这些
横七竖八
的"蚕树叶窝"
是乌鸦们
的杰作。

为自然界里的大事件拍摄纪录片

世界无奇不有！发生月食的时候，千万别忘了给它做个永久性的“全纪录”。画下、并标明每一次变化的情景，还要尽可能地注意每个变化阶段发生的时间。如果当你遇到奇观可偏偏日记不在手上，那就把离你最近的纸张抓过来解燃眉之急。事后，再把记录的内容誊到日记里。

我倚着车子的尾部，借着反射来的光，画下了整个经过。在喧闹的城市上空，一个奇观正在上演。

9月6日 星期四

在圣加菲尔德目睹的一次月全食

10:10

9:50

9:35

9:25

9:10

橘色 / 半透明的灰色

土星

10:20

10:30

月全食（地球的阴影还没有完全遮住月亮，所以上面还是亮亮的。）

当日出或日落的霞光尚可照亮整个世界时，许多阳光会冲过重重阴影，照亮被遮住的月亮。若有灰尘聚集到大气层上空，全食的月亮会显得特别暗。不过，最近没有重大的火山活动。

下方有飞机飞过

11:30

月亮在另边重新露出头来

观察“形”与“色”

植物的形状会各具特色，所以在记录某种植物的时候，要特别注意它的细部特征。事后，当你在图鉴里查找某种植物时，会发现这些资料非常有用。

如果想为某个特别的日子拟个主题，不妨从颜色着手。环顾四周，你注意到了哪些不同的色彩？接着，把代表这些缤纷颜色的事物都记录下来。

自然绘画练习：叶子

收集叶子若干，
最好形状各异，而且是当地的植物。
包括：草本和木本。

10月15日
波士顿，洛克斯伯格
赫尔南德兹小学
5位六年级双语班的学生

画叶子的简单方法：

如果你愿意，
可以对照着野地图鉴，识别这些植物

a：先画中间的叶脉

b.1. 画一边的叶形

再画对称的另一边

b.2. 完整的叶子

c. 画上叶脉

叶脉要顺着叶形的曲线，颜色稍浅一些

叶缘：

先大略画出叶形

再仔细画锯齿状、波浪状或波裂状叶缘

先画上部分地画出一侧的叶缘和叶脉，再对称地画出另一侧

叶脉的虚线是为了突出与主叶脉和叶缘之间的差别

叶脉：

叶子侧脉从主脉分支出来，不是对生就是互生

百合的叶脉从叶基开始

山茱萸的叶脉由主脉两边弯曲向上

比较复杂的叶形：

1 2 3 4 5 45°

有些叶子有像扇子般的叶脉
你得先把主要的叶脉画好，再画
叶缘轮廓

记录季节盛典

我们庆祝的很多节日都与大自然或者大地的循环密切相关。在古老的凯尔特年历里，万圣节象征着收获季节的结束，同时也意味着冬季的到来。这是一段充满神秘、死亡和想象的日子，对很多人来说，它还是一个与大地进行精神互通的日子。记录一下人们在庆祝节日的时候有哪些不一样的规矩，看看哪些自然要素在庆典中担任着象征性的角色。到图书馆里研究一下万圣节和其他地球上的节庆的典故，并在日记里记录自己新学到的知识。

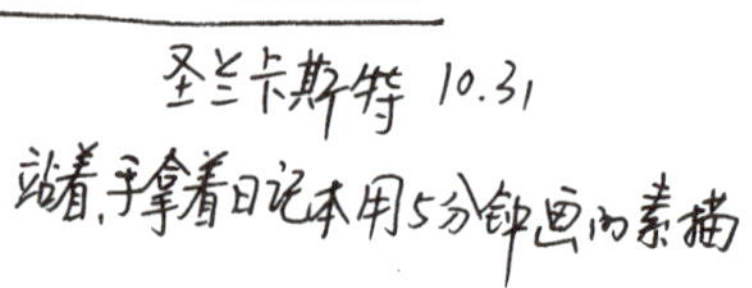

圣兰卡斯特 10.31
站着，手拿着日记本用5分钟画的素描

许多雕刻得精致的南瓜鬼脸，或是在栏杆上或挂在窗子上

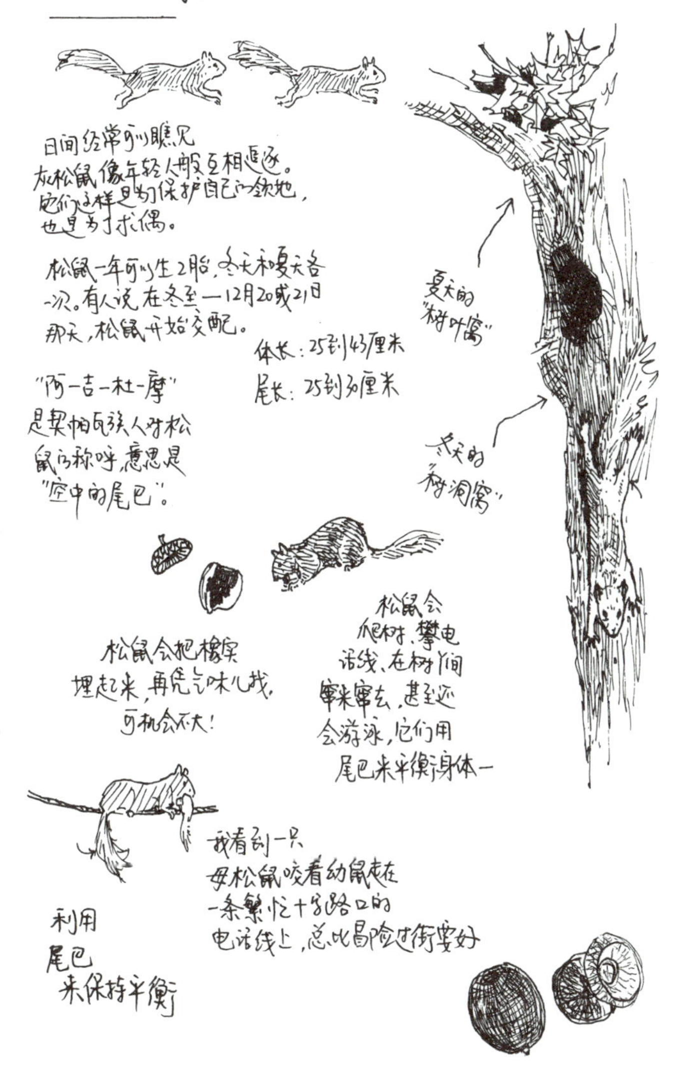

设立一个研究项目

当某种特殊的动物、植物或者事件开始抓住你的好奇心时,你要穷追不舍——然后专心致志地展开研究。只有这样,你才能更多地了解它。在日记里,要尽可能地展开实地观察,然后再去图书馆进一步研究它的本质、起源、独特的特征和习性。最后,把一些从书里找到的研究发现融入自己的野地素描。你的研究可能会引导你慢慢地改变观察方向,同时你也可能把更多的素描融入研究。持续地关注这个课题一段时间,看看自己到底能学到多少知识。

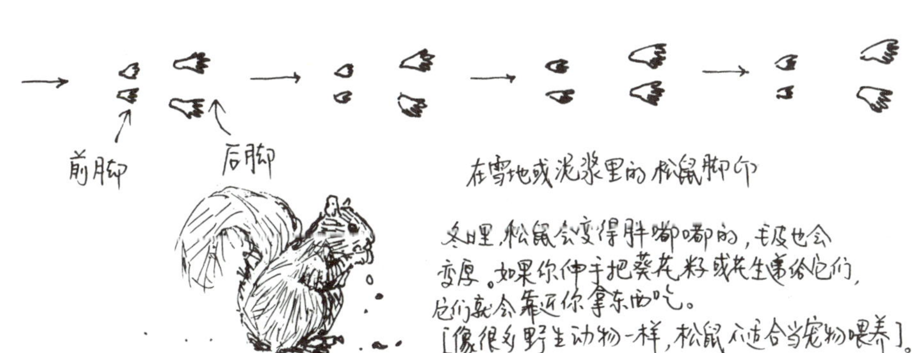

探索新的乐土

策划一次周末旅行，或者加入一个自然观察家的旅行团，这样你就能在一段较长的时间内更专注地在某个新地方写你的自然日记了。甚至，你可以接连几个小时不被打扰呢。一个周末，克莱尔在给阿帕拉契山俱乐部平克汉姆峡谷营的学员上课，她一连两天都在教授整个班级的学员们怎样画画以及怎样探索不熟悉的环境。第一天，他们只是画些小东西，可到了第二天，他们就放宽了视野，着手画较大的风景画了。

11月8日

阿帕拉契山俱乐部
平克汉姆峡谷营
新罕布什尔，高汉市

上午9点30分

12个大人在深秋时分到此画高山风采。虽然外头湿冷，我们穿得极暖和，以便长途跋涉。人手一本日记（大部分人没多少作画经验）。

晴时多云/低温6℃

听见：风吹过桦树、枫树的“哗啦啦”声，吹过干草的“飒飒”声，偶尔有鸟飞到饲鸟器上，像：山雀/黄昏蜡嘴雀。

绿中泛红

×1

散落在16号公路的草地上，是普通的露莓吗？

×1/2

微红色/淡红色
草本植物—约30厘米
丛生，
是北方须芒草吗？

×1

梯牧草

×1

鸡冠石蕊，驯鹿苔，
上地衣，星藓，
都长在马路后方约3米的洼地上

雄花
（柔荑花序）

山赤杨

球果

甜蕨

光滑的叶梢

带刺儿的

云杉

黑？红？

香脂冷杉

黄桦

×3/4

一个灰濛濛的日子
学生们在4.4℃的低温下画画，
一旁的瀑布倾泻而下
下午2点，
又湿又冷
大家太专注了，全然
没有注意到严寒！
11.18 新罕布什尔 平克
汉姆的阿巴拉契亚山俱乐部

融入“人”的元素

如果你与他人一起画画或观察，请迅速地记录朋友们或学生们画画或观察时的神情。当你独自一人席地作画时，周围可能有人正陶醉于欣赏那自然美景的乐趣里呢。抓住这些人的瞬间表情，给他们画一张神态速写。他们和你一样，都是自然大风景中的一分子，都在与大自然互动。

精雕细琢

有一种绝佳的方法能够锻炼观察技巧。即：在出外散步时，先收集5、6样东西。然后，把它们摆在桌上，抽出1、2个小时的时间精心地描摹它们的样子。在户外，这种研究工作几乎不可能完成，但室内就不同了。在室内，你可以不紧不慢地专心地提高自己的绘画技巧。这些特殊的画是用0.35mm的针管笔画的。

这些是在平克汉姆旅馆后面的一条小径上沿途捡来的

黄桦的柔荑花絮

山毛榉

形态各异的苔藓

糖槭

黄桦树皮上的地衣

红云杉

香脂冷杉

11月23日 下午4点，
马萨诸塞的剑桥市

温度适中，约零下1.1℃

阳光灿烂，可非常寒冷

太阳在下午4点15分就开始落山了

在前往哈佛广场上课前，我和朋友在住所附近匆匆地漫步，随着太阳在一棵弱不禁风的树的侧影后面慢慢地落了下去，阴影投在草坪上越拉越长，周围的建筑物也随之暗了下来。

尽管匆匆，我却饱览了许多的黑影轮廓画，我们边走边热切地谈论。一路上，松鼠们窜来窜去，一只狗被人牵着，沿路不停地嗅闻。两只主红雀的剪影一闪而过！

我们偷偷瞅别人家的厨房，里面灯光照得厨房暖洋洋的，我们还看到窗台上摆着植物盆栽。我匆匆地画了它们的简图。

松鼠朝着自己的“树叶窝”爬去

在日记里讲故事

日记是最好的听众。在自然界里，不论你的发现是大是小，你都可以向日记细细地倾诉。你不必时刻都带着日记本，尝试一下靠记忆做记录的方法，就好像你在给某个朋友讲述哪一天的经历似的。采用文字和图像相结合的方法简单地创作一页，或者洋洋洒洒地创作若干页。尝试用一种有趣的排版格式把看似不甚相关的经历联系到一起。利用多种记号、颜色来丰富故事情节，甚至可以用拼贴画。

日落时分的天空，泛着愈发浓重的天青色

晚上5点40分 我和大卫赶往牛津，此时一轮残月正从建筑物后面慢慢爬上来

随便哪个角落都能看到月亮缓缓地爬上来。

一只斑斓花猫要回家过夜，还是出外捕鼠？

回味一段生命时光

在人生的某一特殊阶段，如果我们能定期抽出时间去追溯过去和反思生活的话，想必我们一定受益匪浅。这个反思的时间不限，可以是某次变季，也可以是一段旅程或一系列的个人旅行结束以后。日记给我们提供了一席之地，供我们总结经验和感触。以下，是克莱尔回忆佛蒙特的秋季狩猎活动时的情景。

11月28日，佛蒙特州格兰维尔市
在世界的其他地方，可能依然
阳光普照，温暖如春；但在这里，
恰逢季节更替，旧的季节渐渐远去，
新季节姗姗来临。

星期二会有大风降温，
温度会降到零下7℃。
星期三孩子们穿着
T恤衫就跑出去了。
感恩节那天，狂风肆虐，暴雨滂沱。
在新英格兰，只消片刻
就可以盼风来风，盼雨来雨……

佛蒙特的感恩节周末意味着
"狩鹿季"和"捕熊季"的结束。
对于我们这些不狩猎的人来说，
林地和森林是危机四伏的；而对于
狩猎的人们来说，这可是一年中最豪迈
的季节，他们可以潜行着接近猎物，
开始杀戮，之后再举行那古老
而骇人的庆典习俗。

我们的邻居养了5头
神气活现的公鹿，它们被
拴在前院的一棵老枫树下。
为了安全，我们必须
穿着亮橘色的衣服出去。
我所热爱的大自然
在11月完全不属于我。

灰濛濛的天空

山顶上
白雪皑皑

10月里的
亮黄色和红色，
被11月的淡紫色
和赤褐色的
主色调取代

穿着红黑格子
或橘色羊毛衣
的猎手

弓箭手们穿着
迷彩服

母鹿躲躲藏藏，
经常黄昏时出来

我们的狗儿
穿着橘黄色的布袋
上面写着"狗"的字样。

DOG

让自然日记成为你的帮手

由于你无法预测那个绝佳的观察和记录的机会在什么时间到来，所以无论你去哪里、做什么，都要尽可能地带着日记。也许，就在你偶然抬头看天的一刻或者深吸一口气、活动筋骨的瞬间，一个观察记录的好机会就会突然地从天而降。一次，克莱尔正在科德角（也名鳕鱼角）附近写作静休，她的日记本放在随手可及的窗台上。后来，当雉鸡们停落在田地里的时候，她便得以迅速地记录下它们的一举一动，当然了，还有那横亘于咸海之上的景色。

独自在这儿呆了三天，努力写书
旁听参议院为调查反伊朗军售案
而举行的最后听证会。

12月1日，感恩节那周的星期日

狩猎仍在继续——穿红格子花呢的男人们握着长长的步枪，在我们的池塘附近敏捷地跟踪别鹿们在雪地上留下的足迹

我冲着一个狩猎人大喊：

“但愿你知道自己瞄准的是什么动物！”

有人根本一无所知……

第六章

冬天的自然日记

冬季是理解大自然基本构成的好时节。与其他季节相比，冬季里自然万物大都很安静。乍一看，外面的确是一派荒寂；但是，如果你定下神来，就会发现：其实要看的东西还真不少呢！比如，你可以看看树木裸露的枝丫，看看动物们在雪地上或泥浆里留下的串串脚印，看看夏季里枯萎植物的残骸和飞蛾的丝茧等。冬季是四季循环里的重要环节，因为在重新喷芳吐艳、焕发生机以前，大地必须在这个时期休养生息。在北半球，12月、1月、2月是冬季的核心。

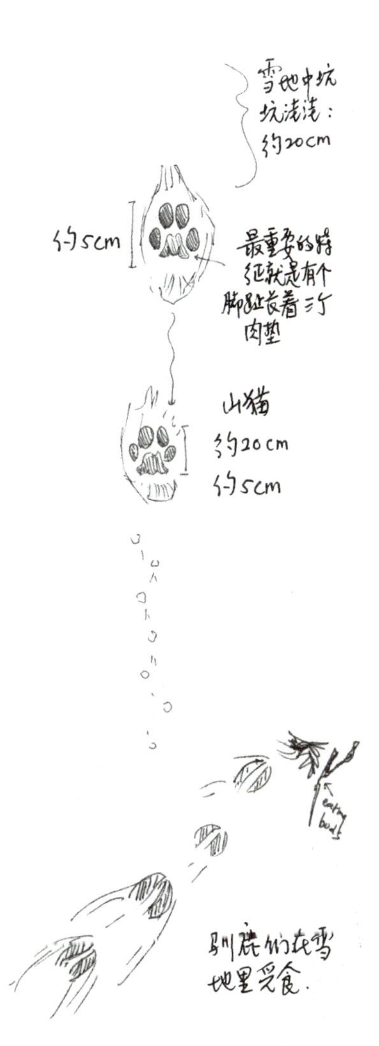

观察冬天

无论你住在哪里，无论当地冬季的气温变化剧烈或微小，冬天都无一例外地是一年中大自然再生的季节。要想更多地了解冬天，有本不错的书值得参考，就是唐纳德·斯托克斯所著的《冬季自然图鉴》（*A Guide to Nature in Winter by Donald Stokes*）。唐纳德是位业余的自然观察家，写了这本书以后，他便开始研究自然界。现在，他已经是位著名的自然作家了，他在鸟类方面的研究更是数一数二的。以下是这个季节里可供研究的日记题材。

植物

从干枯的枝丫辨别植物的残骸。找到5种不同的干枯的植物，小心地把它们剪下来，然后带进屋子细细地研究。

它们中是否有生长异常的迹象，比如金桿花上的虫瘿？冬天的时候，你能区分马利筋、野生胡萝卜（现代胡萝卜的祖先）或者夜来香（又名月见草）的枝干吗？［这时候，劳伦·布朗（*Lauren Brown*）所著的《冬日里的草》（*Weed in Winter*）可以助你一臂之力，见“推荐阅读书目”］。你能找到一些冬青植物吗？比如圣诞蕨或者富贵草？

树木

练习画各种常青树和落叶树的侧影，这样你就能记住它们的显著形貌了。研究一下树木和灌木的区别，并观察阔叶常青树和针状常青树的差别。观察、描绘找到的嫩枝、花蕾、水果和坚果。留心观察各种树的树皮图案。如果只提供给你树皮，你能否辨认出是哪些树吗？

散步时看到的迹象：

赤柳
山茱萸

在一块潮湿的
低地里发现的

开花吗
这个时候？

这株金桿花就像
一栋大楼，分别给三只
大黄蜂或蠓提供
“房间”

动物

阅读并画出5种你认为家附近最常见的动物。这些动物冬天也出来活动吗？哪些动物一部分时间要用于睡眠？哪些动物完全冬眠？你能找到它们睡觉或者冬眠的地点吗？哪些动物你能直接观察到？哪些动物只能从它们留下的足迹间接地观察？到当地的图书馆寻找有关动物们在冬季里的行为方面的书，那里有一些好书，尤其是童书部门。做个细心的调查员，探索居住的区域，并记录那里的动物们的行为活动，包括脚印啦、啃过的果实和挖过的洞穴啦。画一画看到的东西并给它们标上名字，注明你是从哪儿找到的，它们告诉了你怎样的故事。在新英格兰，土拨鼠、棕蝙蝠和跳鼠是仅有的深度冬眠者。冬季，熊很容易被惊醒，可它们很长时间都会沉沉地睡着。

鸟类

你家附近有哪些鸟类？研究5种冬天不迁徙的鸟类，它们在哪里安家落户？以什么为食？它们是与同类群体一同迁徙，还是和

其他种群聚在一起？冬天，它们怎样进行交流？你是否注意到在阳光明媚、风和日丽的日子，更多的鸟会离巢飞来飞去、高声歌唱？2月份之前，鸽子、美洲家雀和燕子会忙着交配（在野外，美洲雕鸮和咕咕叫的哀鸽也忙着交配）。

对很多鸭子来说，冬天是成双成对的好时机。观察并记录它们在户外水泽中的求爱行为。

天气与季节

到现在，我们似乎用了太多的笔墨来描写冬天的生机，其实，对人类和动物来说，要熬过隆冬都是件艰难的事。请问，冬天于你意味着什么？想想自己喜欢这个季节的什么、讨厌什么，并记下来。持续记录一个月的天气状况、月相变幻和降水情况。从12月中旬起，记录日出时间和日落时间并详细地制作图表。这样，你就能确定每天的白昼时间持续多久了（有日照的时候），并追踪冬至前后的变化情况（冬至是一年中夜晚时间最长、白昼时间最短的一天）。

如果你住在一个多雪的地区，不妨记录一下那些晶莹剔透的雪花图案、积雪的深度以及每次下雪的类型等。如果你住在温润的南方，可以记录一下雨季和旱季。参加各种文化中的冬季庆典，并记录人们的庆祝活动。

你自己

冬天的天气令你有怎样的感受？你对寒冷的天气、冰雪有什么反应？描绘一些自己认为象征这个季节的事件。

观察冬天里的迹象

观察冬天到来的种种迹象是开启冬天自然日记的好题目。倘若生活环境不允许或者时间有限，或者像本页中的例子一样，你正和一群学生（英语是第二语言的）一起活动，那么，以下的绘画练习恰似为你量身而做。图画是全人类共通的语言。

今天的颜色清单：
棕色
灰色
绿色
红色
橘色
淡紫色

12月4日
马萨诸塞州布莱顿市的
鲍德温初级小学
下午3:30
风大，天部分晴朗，
不太冷
附近街区的内庭
听到的声音：供暖气
管的"布兹"声
飞机的嗡鸣
汽车声
麻雀在常青藤上的鸣叫声

找寻冬天
的痕迹

太阳就要落山了
大约下午4:15的时候

（15位来自波士顿公立学校的老师，
来这里学习怎样把自然日记用到
他们的课堂上——）
*回到室内后，立刻涂好颜色

首先，观察天空：→
一缕缕灰色的云
低低的太阳

飞羽

其次，一只海鸥飞过
银鸥
环嘴鸥
大黑背鸥
接着，看到一只鸽子

50+
燕八哥飞过上空
它们在哪儿栖息呢？

现在画3种
地上生长的植物：
蒲公英
从柏油路面的
裂缝中破土而出
苔藓
+各种野草
车前草

现在找齐腰
高的植物：
鲜绿色的嫩枝
侧芽
有何作用吗？
小小红色
花蕾

麻雀
跳来跳去，在严寒
中，羽毛都蓬松起来

灌木丛中仅
有的几片深
红色的叶子
×1
卫矛
属灌木

写自然日记以凝神

在美国的许多大学里，自然日记被广泛地用于语文、地质学和环境研究课上。自然日记给学生们提供了一个走到户外、直接从自己生活的环境中学习的机会。以下是给威廉姆斯城的威廉姆斯学院的学生们布置的作业，要求他们把一天中的生活百态画出来。抽出时间，然后把所有精力都投入到当地的环境研究上。这样你会提高近距离观察和分析能力。在更富概念性的工作中，这种技能可以派上用场。

赞美四季

几年来，附近的剑桥奥本山公墓保护区成了克莱尔和她的好友莎朗·鲍尔散步的好去处。她们到那里去礼赞每个春分秋分，每个夏至冬至。她们每每会在忙碌的生活中抽出片刻，然后去看看一年里周围到底发生了什么事情。这已经成了她们之间美好的规矩。

NB 我太累了，
很难完成这幅画作。

一只灰色的鸣角鸮在高高的树洞里。为了享受午后最后一丝温暖，它探出头来，面朝着西方。
风儿轻轻地撩起它耳边的一撮毛，它微微别过头，以便我们不逃出它的视线。

它是一动不动地站在那儿，向西对着夕阳。
我们点燃了我们的冬至蜡烛，默默地望着它们落在冰天雪地里，灭了。

一头苍鹭振翅飞上一颗山茱萸的树梢儿——我们与它还真是不期而遇。
选定它做我们的
“冬至使者”
女神
守护神

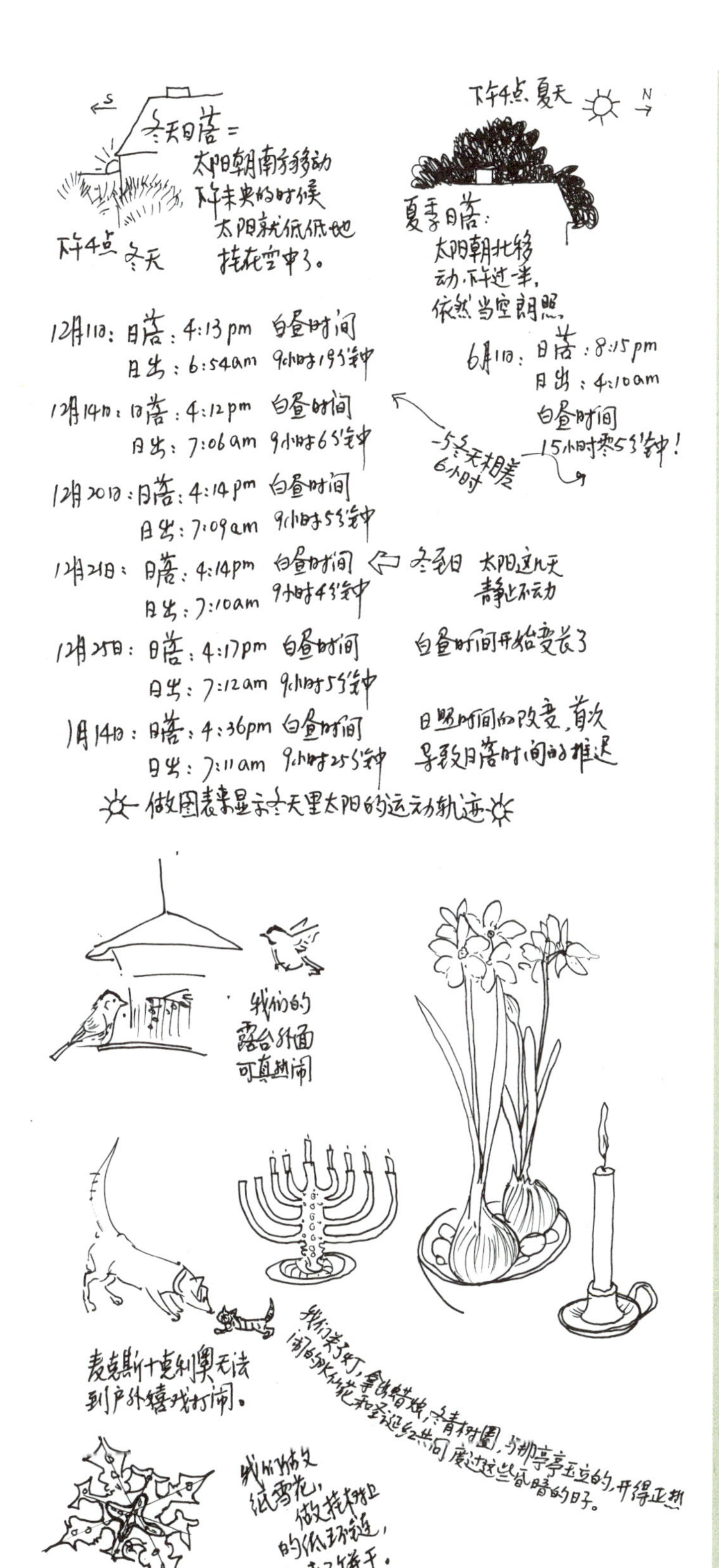

记录每天的变化

如果你能坚持规律地写日记而且不断地反思自己早期的观察的话，那么你的日记就会变成一个丰富的“资料库”。久而久之，你就能从“资料库”中察觉到自然界里的微妙变化。日积月累，这些微妙变化又会引发其他意想不到的效果。左边，是克莱尔制作的一个图表，它显示了白昼和黑夜的时间流量变化。每逢12月，北半球就会出现太阳下山早、黑夜漫长、月相变幻多以及天气温度波动大的情况，这些现象都值得我们好好玩味。1月的头几天可能是一年中最冷的几天，但是，随着春天越走越近，黑夜也会越来越短。

无论你家住何方，哪怕你住在赤道，季节变化也能影响你的活动方式。毕竟，人类也是自然循环的一部分。在北半球，我们在室内活动的时间比较多，比如点点蜡烛，制作小礼物或者烤一些美味的点心送人等。同时，别忘了画上一幅画或者写一篇散文，叙述一下冬天对你的意义。

只要你长着一双好奇的眼睛，只要你观察细节时再认真一些，只要你稍稍提高对季节变化的敏感度，那么，即便是单单透过卧室的那扇窗，你也能找到一个名副其实的“塞伦盖蒂公园”。你需要做的，只是学会观察。

这个社会流行一种观念，即自然界里最耐人寻味的东西只能在遥远的地方或者特定的地方才能找到。其实不然。

——摘自《你家后院的自然图鉴》
(A Field Guide to Your Own Back Yard)
约翰·米切尔 著
(John Mitchell)

综合观察与研究

或许，你打算把在某个特定地点创作的一系列的文字和绘画结合起来，比如饲鸟器。你可以把饲鸟器处的鸟类活动画下来，并与文字描写结合。练习画鸟是一种提高绘画水平的好办法，同时还能增长对鸟类的知识并提高识别鸟类的水平。请参考野地图鉴或者其他资料让你的画作变得丰富起来。

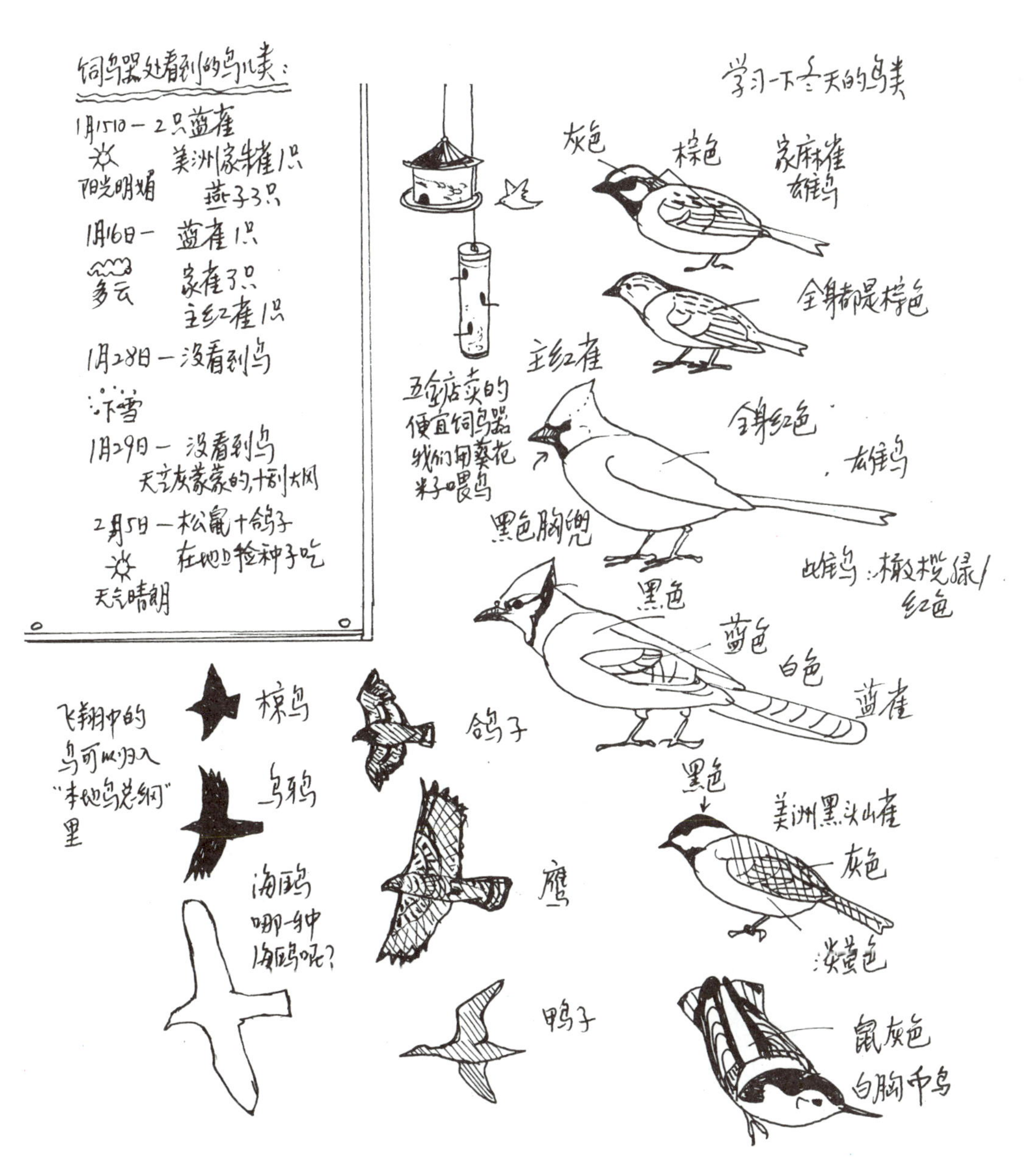

记录变化——构思故事

虽然水仙花、孤挺花、番红花、鸢尾花和郁金香都属春天开花植物，但也可以养在室内。这样，你就能提前“抓住春天”了。从窗台上的花苞开始，每天不停地记录花苞从球茎或鳞茎中抽出花芽的细微变化，牢牢抓住开花过程中的每个小动静，直到花朵完全绽放。

把更多的人聚到一块儿去体会世界和其他生物的美丽，这就是艺术至高无上的目标。

——摘自《心灵与自然：唇齿相依的未来》
(*Spirit and Nature: Visions of Interdependence*)
麦尔维尔·肯特 著
(Rockwell Kent)

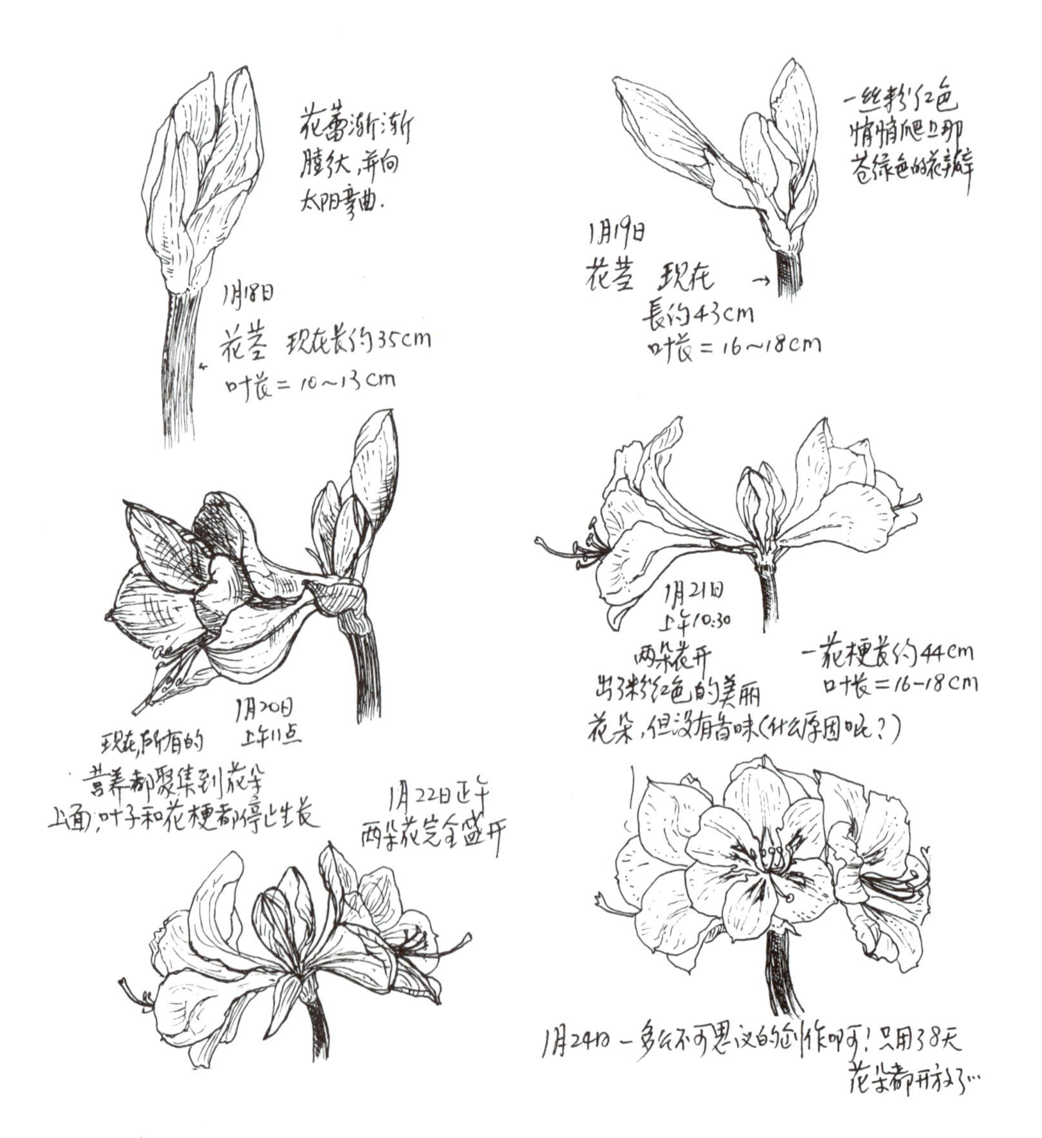

自然绘画练习：常青树

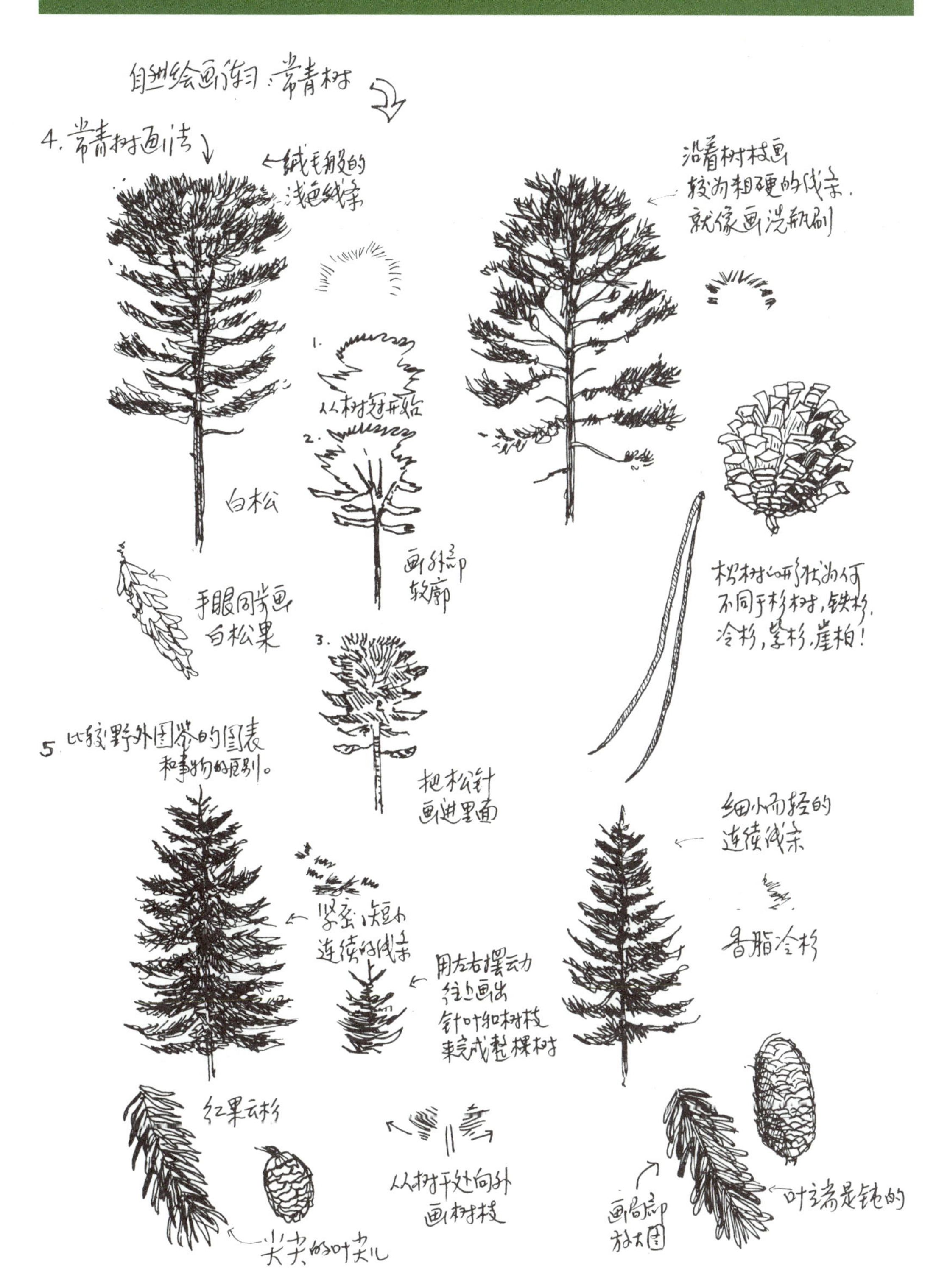

自然绘画练习：常青树
4. 常青树画法
绒毛般的浅色线条
沿着树枝画
较为粗硬的线条，
就像画洗瓶刷
1. 从树冠开始
2. 画外部轮廓
3. 把松针画进里面
白松
手眼同步画
白松果
松树的形状为何
不同于杉树，铁杉，
冷杉，紫杉，崖柏！
5 比较野外图鉴的图表
和手绘的区别。
紧密、短小
连续的线条
用左右摆动
往下画出
针叶和树枝
来完成整棵树
细小而轻的
连续线条
香脂冷杉
红果云杉
从树干处向外
画树枝
尖尖的叶尖儿
画轮廓
放大图
叶端是钝的

自然绘画练习：冬季里的落叶树

画冬季里的落叶树

透视效果

枝头朝后

枝头朝前

远离你

接近你

看树枝之间的空间

用两条线来画树枝，直到画到树枝末梢和嫩芽为止

你无法把树枝+树芽都画出来，要选择那些最能表现出树形的枝丫来画。

做出标记，来限定你画的树的形状，这样你就知道大该在哪里结束自己的画了。

要让树枝渐渐地，均匀地变细——别画得像胡萝卜似的！

用树枝底部的线条遮住树干部分的线条，并加深树枝底部线条的颜色，这样就可以画出透视的效果来了。

树枝是管状，逐渐向枝头均匀地变细。

从树干中央画起
向下画树基
向上画树枝

让树枝看起来是圆的：

远离你

从你的角度来看接近你

你的视角

树枝看起来像圆柱体

画出树皮的纹路
给你的树画出扎根的地来

关于冬天里的树

给那些长在你家附近的树木制作一个简表，并在表上添加以下内容：画出每种树的形状轮廓；测量树木的叶子、果实、花蕾的大小；画一幅地图，并标出每棵树的位置；画出树木的完整轮廓，并具体描绘它的枝丫、花蕾、种子和干枯的树叶等细节。

观察树上的动静。在你的这棵特别的树上，什么动物会留在上面过冬？什么东西把这棵树当作自己的家，为什么？哪些树是健康的？哪些树正受着人类行为的摧残？哪些人类活动会产生多重效果？

美国梧桐—
可以长成参天巨木。
在冬天，它们用奇特的，易
剥落的树皮可以投下很大
的影子。抗废气，抗空气
污染，所以在都市和城镇
都能生长—

按实际尺寸画

冬天树上的嫩芽

10厘米-20厘米

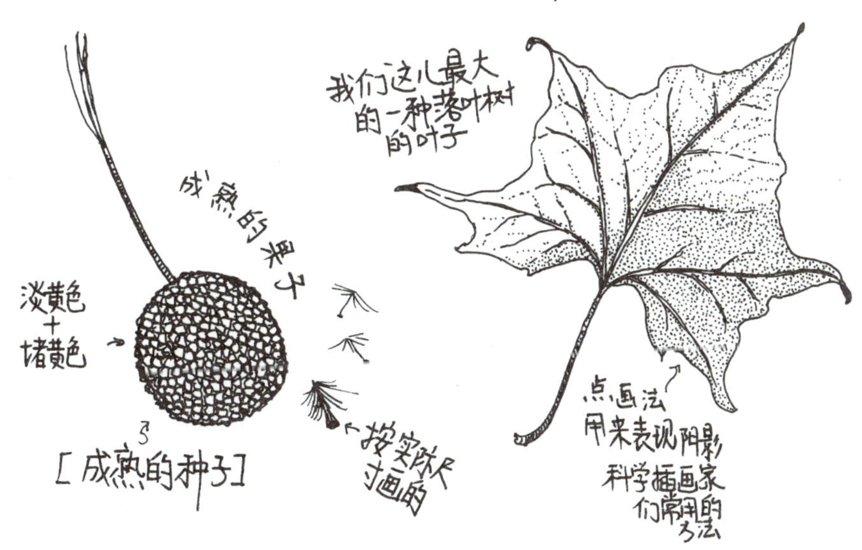

雪地上的涂鸦

只要在雪地上走就会留下脚印。每个脚印都像是一个“足迹字母表”，当许多脚印叠加在一起时——鸟的两个脚印、哺乳动物们的四个脚印——就可以创作出一些简单的动物语言来。某些脚印表明动物们只是一动不动地站在雪地里；其他的脚印则可能表明它们正处于运动状态，比如跑或跳。倘若恰好有一大串脚印，那我们就能摸清动物们在做什么了。跟踪动物们的脚印，看它们往哪里去了，然后再根据脚印特征记录这些动物正在忙些什么。

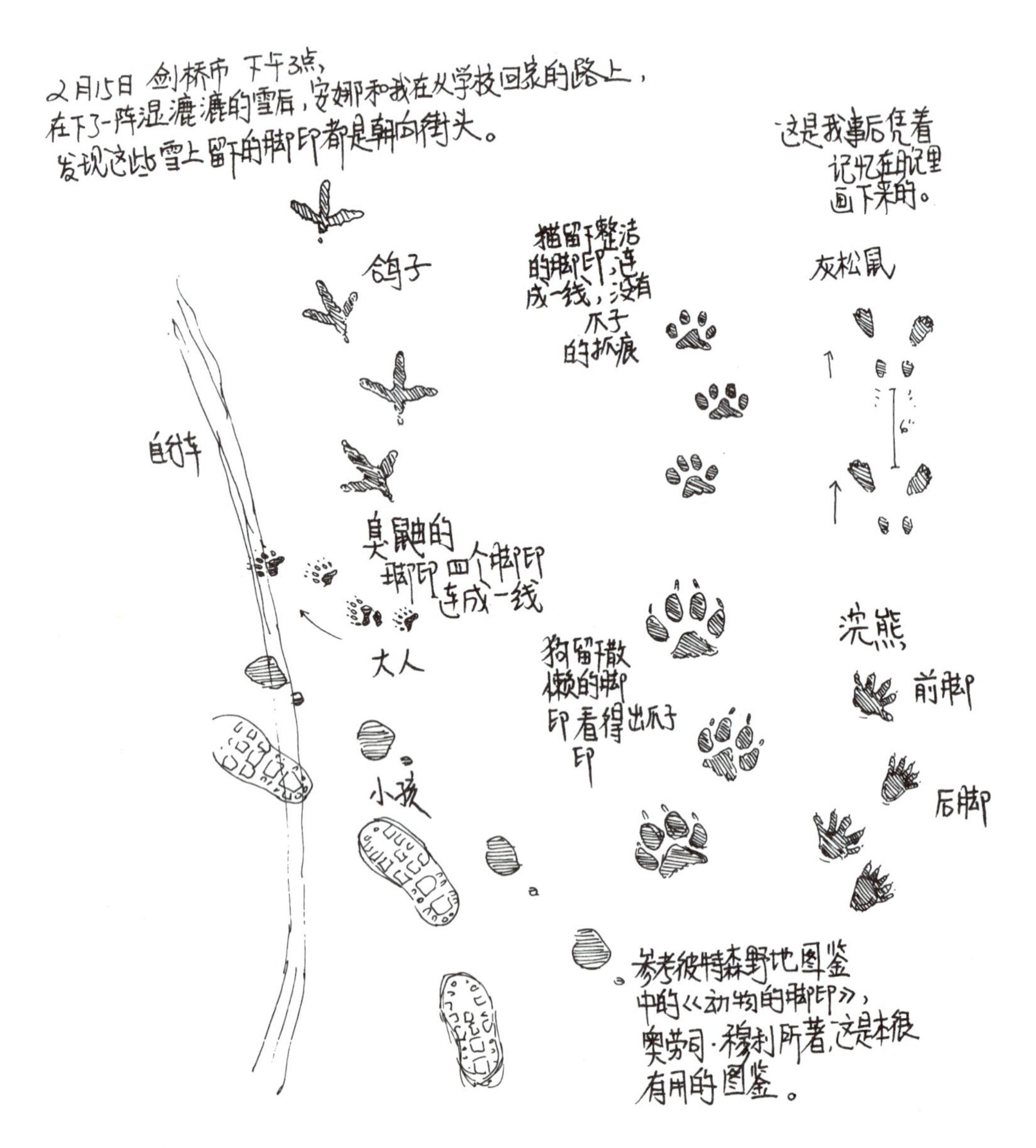

显微观察

倘若外面天气太冷或者碰上阴雨绵绵的天气，那你就很难在户外进行长时间的观察了。这时候，不妨在户外漫步片刻并收集一些东西回来，比如：嫩枝、干种子、虫瘿等（找一些小东西即可，要尊重别人的私有财产）。然后，把这些东西带回家里面，用肉眼或者借助放大镜做近距离的观察。记录它们的形状、纹路和质地，然后用文字和图画把观察结果记录下来。

这里，克莱尔收集了一些8–10英寸长的树枝标本，并悉心地把它们画了下来，还标上了名字。她用的是签字笔和彩色铅笔；和她一起作画的学生们用的是墨水笔、铅笔和彩色笔。

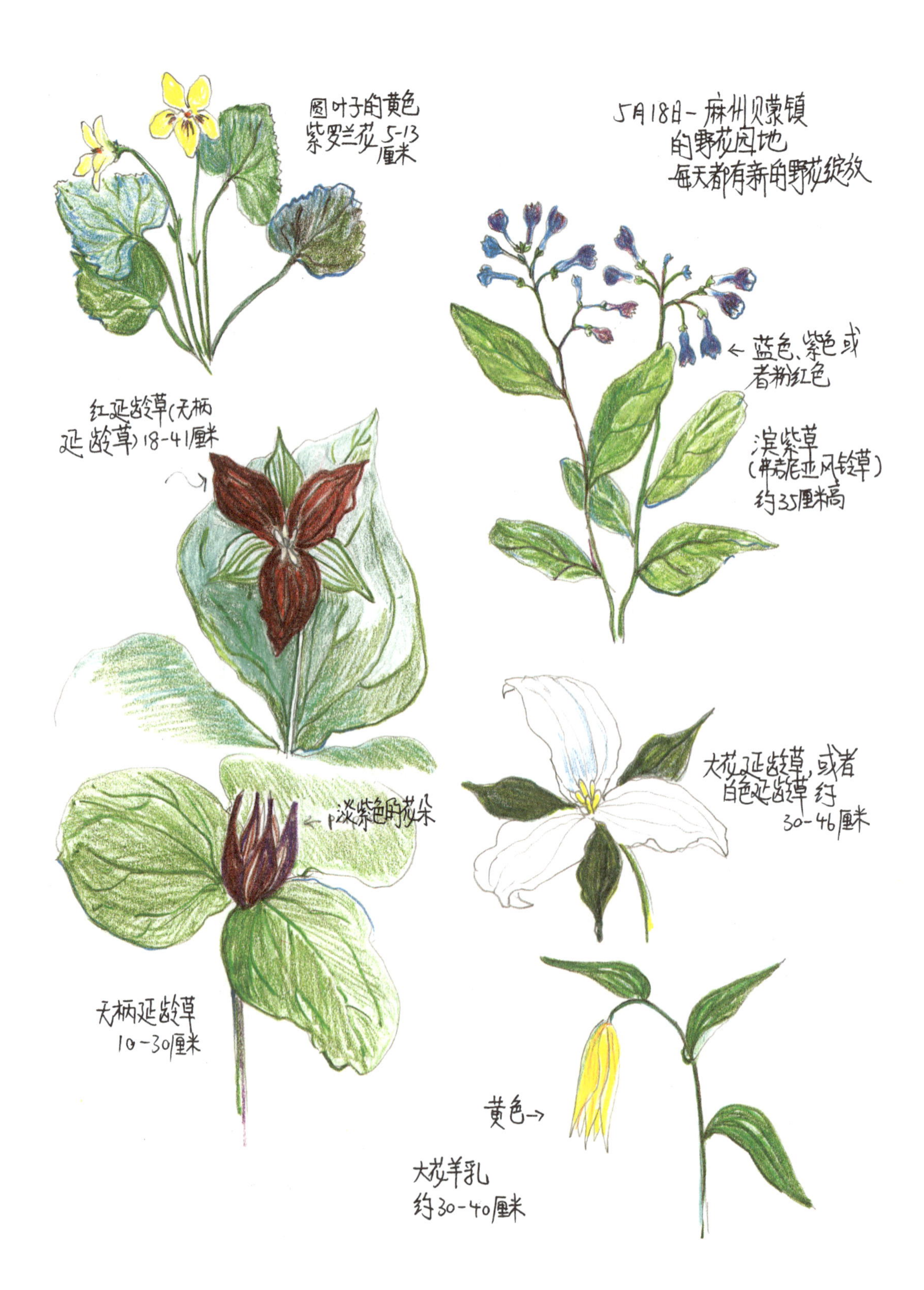
圆叶子的黄色
紫罗兰花 5-13
厘米
5月18日-麻州贝蒙镇
的野花园地
每天都有新的野花绽放
蓝色、紫色或
者粉红色
滨紫草
(弗吉尼亚风铃草)
约35厘米高
红延龄草(无柄
延龄草)18-41厘米
淡紫色的花朵
大花延龄草,或者
白色延龄草 约
30-46厘米
无柄延龄草
10-30厘米
黄色
大花羊乳
约30-40厘米

第七章

春天的自然日记

春天时节，大部分人喜欢到出外踏青，而不愿憋在屋子里。由于居住的地方不同，所以，不同月份会呈现出不同的春色来。在新英格兰，3月里，春天开始悄悄地潜入我们的生活，给我们带来了阳光朗照的春日；4月里，天气愈发变得暖洋洋的；等到5月，山上的积雪便悄悄地隐遁了形迹、无影无踪了。

观察春天

春天里，你能观察什么？能在自然日记里记录些什么？这些与你的生活环境密不可分。终于盼到了大地再度复苏，太阳慷慨地倾洒着光和热，每天（而不是每一周）都能感受到室内的变化。我们发现：在万象更新的春日里，眨眨眼的工夫就可能错过一些正在发生的故事。你只要在日记上花10分钟的时间，就能跟上春天的脚步，并感受它的轻盈。

体态小巧的加拿大黄莺
栖息在杜鹃花丛中

植物

在你周围，哪种植物最先吐露新绿？是雪莲花、蕃红花、水仙花、某种草，还是林地上长出来的野花呢？在附近徘徊片刻，然后把地上长出来的绿色东西画出来。记得加上日期，因为现在每天都有新变化。

树木

把花蕾从膨胀到开放的过程画下来。记得注明每天的观察日期。新生的叶子是什么形状，什么颜色？在树上、灌木丛中或者常青树上，你能看见哪些果实？哪些地方最早长出新叶来，是温暖的、阳光充足的地方，还是寒冷阴暗的地方？从连翘、苹果树、飞絮柳上剪下小枝来插在水里，然后观察叶子和花苞的绽放过程，把变化写进日记里。

动物

你周围的动物们在做些什么？你是在白天看见它们的，还是黑夜？臭鼬在2月份求偶，求爱行为多见于夜晚。考拉与臭鼬的情形差不多。我们家附近的灰松鼠在12月和1月间寻找伴侣。4月份的时候，你就能看见它们喂养小宝宝了。你周围有没有鹿啦、狐狸啦、驯鹿啦、家鼠或者野鼠？在一年一度的发情期里，青蛙们会“奏鸣”，所以千万别忘了听“开春合奏曲”！一年中，你首先听到的“大合唱”，是哪种动物演奏的？后来，谁也加入了大合唱？你找到了动物的哪些形迹，窟窿、地洞、还是啃过的树枝？尽可能多地描绘周围动物的生活状况。

花栗鼠出现了
它们看起来干净
而且精
力充沛
一只红狐狸出现在沙丘上
+穿过柏油路。它停住脚步
望我们几眼，继续向沼泽
跑去。不一会儿，又向我们观望。
分外耀眼的
红色皮毛

鸟类

在你周围，什么鸟儿留下来过冬？在春天的鸟类大迁徙中，有哪些新鲜的鸟类初次在你们那里现身？在春天北返的各种鸟类中，第一个回来的日期分别是哪一天？看看有没有正处在繁殖期、羽毛艳丽的雄鸟，它们这时候可能与秋天迁徙时候大不一样呢。找一位当地的观鸟人一起到郊外看鸟，向他请教应该怎样识别新的鸟类。

天气与季节

我们已经为春天写了不少笔墨了。一些地区的春天来得早，一些地区来得晚，这主要是由纬度和海拔高度造成的。5月，你家的所在地还有积雪吗？4月会不会发洪水？2月会不会下冰雹？至少持续记录1个月的天气状况，包括月亮盈缺、降水状况和日出日落的时间。在北半球的春季，地球离太阳越来越近；而在同一时间，南半球却恰恰相反，那里的居民正享受着凉爽宜人的秋天。春天，你住的地方有什么庆典没有，比如复活节（基督教）、逾越节（犹太教）、地球日或者五·一劳动节？

①在佛蒙特4号国道旁的糖枫丛林里，暖而黏的积雪。树梢上的冰晶仿佛好吃的糖果。
②耙得整整齐齐的花床里面，可以看见小巧的球茎。安娜+埃里克的花园里，长着番红花！安娜+埃里克在"城"里玩"饼干+建筑"的游戏，直到黄昏才罢。
（今天，埃里克起来就不舒服。我竟然没事儿人似的→真是怪人：什么事都不放在心上）

罗宾斯在佛蒙特*哈罗德又在做糖浆—总神秘兮兮的

你自己

春天带给你怎样的感受？在五颜六色的春日里，在春天温润的气息里，看着那阵阵的细雨、簇簇的植物新绿、徙鸟回归，你会有怎样的反应呢？画一些你认为可以代表这个季节的事件。

正当我准备上车时，一只黄缘蛱蝶翩翩沿街道飞了过来。多么生机勃勃！

邻居家紫色的番红花开了。在剑桥哪个角落都能看见。

忍冬矮树丛中的隐士：画眉

主页

时常在日记本上单留出一页空白来，以便日后思考一些家里或附近发生的事。你可以记录自己对这个季节的思考，也可以记录院子周围发生的变化或者在过去的一个月你和家人的际遇。时常翻看或反思这些篇章是其乐无穷的，感觉就像在浏览家里的老照片。

佛蒙特的格兰维尔市
（这是个泥泞不堪的季节，
把汽车轮子印、孩子们还有
猫咪的脚印都吞没了……

3月21日
春天的第一天！
日出：上午5:44
日落：下午5:55
基本上是
昼夜等分的

在这个温暖的春日周末，外面
有什么新鲜事发生呢？
我该不该：
* 写一首诗
* 画一幅画
* 散个步——或者溜冰
* 一边做饭，一边欣赏日落
* 或者感受地球的转动？
（我一件事情也没落下——）

雪虱在家前面的
雪上跳来跳去

雪虱也叫"跳蚤"
或者"跳虫"

一只山鹬
蜷作一团，
卧在满是雪+
泥浆的小坑里。

它"呼呼"扇着翅膀
"叽"飞了起来

牛鹂

第一批飞回来的
红翅膀乌鸫

鹩哥　椋鸟也来了

斯坦利正在制糖，
40加仑的树汁才能
提炼出一加仑的糖来！
在沸腾的锅下面，
炉子已经烧掉了
$29m^3$的木柴——
三月里，只要看到冒着无毒蒸汽的房子，
就基本可以断定是在制糖了。

12月21日
4:12 pm

9月21日+
5:49 pm

3月21日
5:55 pm

6月21日
8:40 pm
日落

这是从我家房子向西看到的景色

冬天 ⟶ 春天 ⟶ 夏天
⟵ 秋天 ⟵

年复一年，太阳西下的运行轨迹

晦暗日子里的光

在阴雨绵绵的日子里，你可以买上一束春天的鲜花，相信你会立刻豁然开朗。为这束花画上一幅画，再写上几笔字。花的颜色、形状和气味儿给你怎样的遐思？你可以只写一两句赞美的文字、几个成语，或者写上一首小诗。尽量绕着花束写字，就好像文字也是这束花的一部分似的。

画画寻找蛛丝马迹

有时候，如果一开始你就能参照高质量的照片或鸟类图鉴，那一定对你熟悉当地的鸟类大有益处。画特殊的鸟，可以帮你记住并加强对鸟类显著特征的印象，不仅如此，当你在野地发现它们的时候，还能更准确地认出它们来。这时候的自然日记，就成了磨练观察动物活动技巧的绝妙工具。右边是克莱尔画的研究图，目的是学会区分几种不同的雄性莺在繁衍期间的羽毛特征。

自然绘画练习：鸟

画鸟的诀窍
先识别出
几何图形
从一个鸟蛋，经过孵化……
再画一个蛋
画出骨架
的草图，以便给
翅膀+尾巴+
脚掌
定位
画羽毛的方法
在不同的羽毛组群中，分别用成组
的平行线表现羽毛
从头部开始画
再经头部画背部
用细小的线条
表现小羽毛
粗长线条
表现大羽毛
鸟类的喙，会因为用处
不同而形状有所差异：
等等
注意眼睛
的小亮部
鸟喙
这种喙可以打开！
这种打不开
耳羽
有人说，眼睛是动物心灵的
窗口。如果动物的眼睛上没有
亮部，那看起来就像死的一样
（死去动物的眼睛看起来都
是扁平的。）有生命的眼睛都会
反射光，而且要有点弧度。
A. 眼线
B. 鸟的脸颊
和耳部羽毛可
帮助定位眼
睛的位置
眼睛：
或
自然反射光
不是凸透镜片的光
表示从相机闪光灯
的光线
也就是看着照片画的
鸟类的脚和脚爪
因环境的不同而有所
差异，像：
等等

画画以博识

你可以像历史上的自然作家那样，采用室内、室外观察相结合的方法来研究大自然。读书、提问、了解动物们的生活方式以及它们为什么要以这种方式生活，这样不仅有助于增长知识，还有利于在野外画画时更精确地描绘动物们的行为活动。

专题报告：鸽子

最初，美国引进鸽子是为了食用和传递讯息。它们的亲戚——原鸽——栖息在山崖上，它们可以穿越狭窄的空间，而且几乎可以在任何东西上落脚。(由于鸽子的适应力很强，所以可以轻松地适应我们大多数城市。

* 鸟类专题报告是非常好的自然日记题材，选一些本地的鸟吧。

鸽子飞起来的时候，双翅可以互相拍击，这是一种求偶讯号

每对鸽子可以在各种封闭的空间里，用杂乱的小木棍、绳子和纸垒巢。通常，它们在一月底开始求偶+筑巢，但是整年都能观察到鸽子配偶间的行为。

在附近一个公园观察到的鸽子百态：

① ♂低头，鼓起羽毛，这样是向配偶或群体宣布自己的权威。

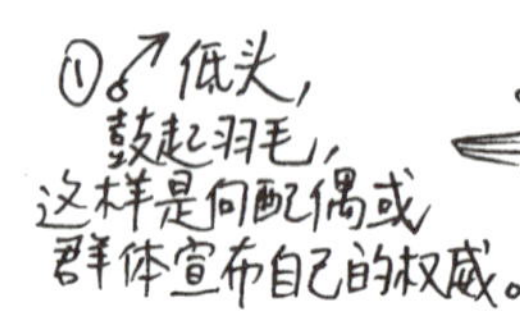

② ♂鸽子趾高气昂地四处闲逛，羽毛膨起+尾巴低垂，是在向潜在配偶或群体炫耀。

③ ♂鸽追逐着♀鸽，时而在鸽群中，时而远离鸽群，像是♂在向其他公鸽炫耀自己的另一半。

④ 雌鸽把喙伸到雄鸽的嘴里，然后一起上上下下晃动各自的头。这是求偶仪式的一部分。

(参照"普通鸟类行为指南")

⑤ ♀鸽和♂鸽分别用自己的喙为对方整理羽毛，也是求偶仪式的一项。

比较千差万别的地域环境

在旅行时，千万别忘了带上你的自然日记，这是一个区分新环境里的事物与熟悉环境里的事物的好机会。观察新地方与你居住的地方的相同点和不同点。左边的日记是克莱尔在去内布拉斯加州旅行的途中所作。她发现，与山峦叠嶂的新英格兰相比，这片平坦开阔的土地还真是别具一番风情呢。

随处皆自然

即使住在城里，你也可以察觉到春的气息，比如天空状况、太阳的位置、蔬菜种类及其生长阶段、动物们留下的蛛丝马迹和生存状况等。这些作品是克莱尔在马萨诸塞州的剑桥市带着小学生们在45分钟内画的。孩子们惊奇地发现：原来他们的校园里有这么多的“自然”。写自然日记也是战胜自己对自然界无理由的恐惧的良药。一次，当孩子们画完蚯蚓并学了一些关于蚯蚓的知识后，他们就再也不害怕了。

5月1日

上午7:30 到我家附近溜了一圈儿，为了向"五一"致敬！

这是今年第一次出门没穿大衣

听到的：汽车，人们去上班
垃圾被拖到街上，割草机

鸟叫：椋鸟，乌鸦，知更鸟，主红雀
哀鸽，美洲家朱雀，家麻雀

长出叶子的：紫丁香，小蘖，垂柳，女贞；
红糖槭+榆树开花+挪威槭

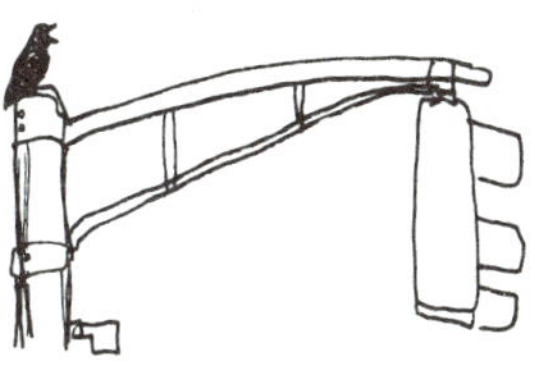

椋鸟在红绿灯上面高声啼叫

小蘖长出新叶

你的周围什么在动？

5 月是个充满活力和万象更新的季节。在周围寻找万物变动的蛛丝马迹；观察树上或地上冒出来的花；留意迁徙的鸟何时归来。5月里，昆虫们从茧或蛹里爬出来，重新在这片春天的土地上安家落户。每周出去散散步，并记录在一个月、几个月、甚至一年里发生的变化。

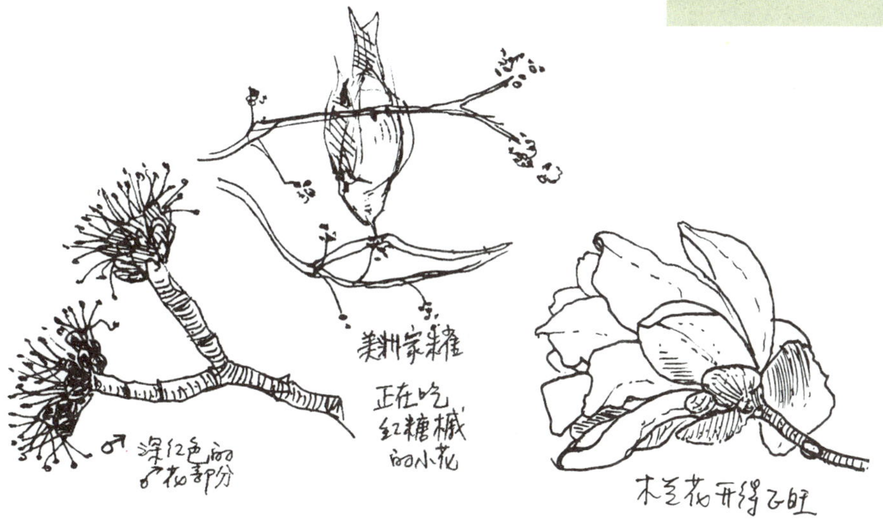

木兰花开得正旺

窗子开着+猫咪观望着来来往往的行人

我赞美天上掉下来的每一日，仿佛包裹在一个果壳里，果壳里有着缤纷的色彩，拂晓时分便倾洒在那层峦叠嶂之上。

安妮·迪拉德（Annie Dillard）

全身心地关注我们的周围

无论我们身处何时何地，身边总有许多正在发生的故事——实际上，故事太多了，以致于我们根本无暇时时刻刻地留意它们。无论什么时候，总是有一些事情吸引了我们的注意力，与此同时，我们就忽视了其他的事。偶尔抽出一些时间来，在同一天、同一个地方看看自己到底能把多少新鲜事装进心里。

5月27日 星期二
马萨诸塞·剑桥·奥本山公墓
下午5:00
晴朗，湛蓝天空
有一点点凉+微风
低温约16℃
弦月
日出：5:13am
日落：8:10pm
白昼时间：14小时57分钟

听见的声音：黄鹂
大冠蝇霸鹟、主红雀
知更鸟、金翅雀
山雀、风、猫嘲鸫、乌鸦

山茱萸苍翠的叶子映着白花

鸟儿静静飞过草地的影子

在剑桥的大街上——黑喉绿林莺，
木兰林莺，还是北森莺？
黄色？是哪种莺？

凭记忆画的

去听听风吹叶子的沙沙声
去走走看看那无与伦比的景象

我们这些负责做饭的人儿啊，不得不就此结束这美好的夜晚。

在猫嘲鸫躲过矮灌木丛之前，捕获到了它亮晶晶的黑色瞳仁。几分钟后，它朝着我“喵喵”叫起来——

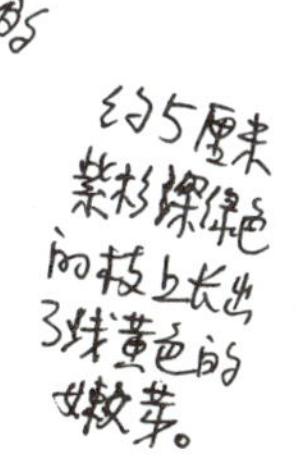

约5厘米
紫杉深绿色的枝上长出了淡黄色的嫩芽。

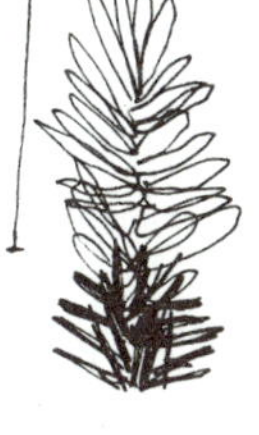

现场画的

听到这只鸟在杜鹃花丛中啄理羽毛的声音。我刚把背包放地上，它就倏地飞走了

40-51cm长

*褐色
身长约0.3cm
有些好像死了
但活着的还是多于死去的

这些褐色小虫子的盛大聚会，显然被什么骚扰了

沙岩墓碑
名字和年代已经风化。

自然绘画练习：着色

刚开始上色的时候，彩色铅笔是个不错的选择。它的使用方法与蜡笔没什么两样，比如用绿色涂叶子，红色染花，黄色涂大黄蜂等等。彩色铅笔的颜色本来就是调过色的。如果你还想通过融合不同的色彩来变幻颜色的话，那只需在一种颜色上用不同的力道一层层地涂颜色即可。不同颜色的用量就是所谓的颜色浓度。一定要选那些笔道粗的铅笔，因为它们的颜色比笔道细的铅笔颜色浓，而且铅笔的蜡质结构可以令颜色调和得更均匀。白色或者奶油色适合用来柔和画面或者突出亮部。甚至，当你不小心画错了，也可以擦干净了重画。你可以把彩色铅笔同水彩、水彩铅笔、蜡笔、钢笔和墨水笔混合着用。彩色铅笔与钢笔画或墨水笔画的混合效果，就比彩色铅笔画与铅笔画混合的效果好，这是因为铅笔的笔尖可能会污染画面，从而把颜色弄得模糊不清。博特·伯格森（Bet Borgeson）（见“推荐阅读书目”）著的《彩色铅笔》*(The Colored Pencil)*是本很有用的工具书。有人还创立了自己的“颜色编码”系统给观察分类，比如一种颜色用于所有的关于天气的话题，一种颜色用于植物观察，一种用于动物观察，甚至还有专门用于代表思考和评论的颜色。

推荐使用的着色材料

- 一盒24色或者36色的彩色铅笔（我们最喜欢用 Berol Prismacolor的牌子）
- 小号水彩，附带6号、8号、和10号笔刷
- 一套彩色笔，什么样式都可以
- 一套12色、24色、或者36色的水彩铅笔（Dewent牌水彩铅笔有很多种颜色）

使用水彩

水彩这个题目太大了，很难在这里尽述。我只讲一讲，我们是怎样使用水彩的。至于该怎样用水彩展现风景，市面上有很多好书都有著述。你可能打算在居住的地方报个学习班，建议你一定要先看看老师是怎样用水彩的，看看自己是不是喜欢他们运用水彩的风格。

以下是我们常用的几种方法：

- 首先，按照使用彩色铅笔的方法来使用水彩铅笔；接着，用蘸有清水的水彩笔刷融合色彩；然后，用颜色耐久的墨水笔或铅笔画线条，这样线条就能长久地保留了。一个小技巧是不要沾太多水，不然颜色就会浑浊不清。
- 学习如何调色以及调色效果。比如，把红色、蓝色、黄色混合在一起，会变成什么颜色？
- 先用铅笔划出主要的轮廓。接着，用湿笔和干笔画出色彩和色调。水彩笔的大小、纸张类型以及水彩笔的蘸水量都会大大影响画画的效果。反复试验，然后把实验过程和结果写进日记里，便于未来参考。

涂抹掉
奶油色
白色
阴影
明色
彩色铅笔不能像
水彩笔那样可调色,
只能叠色
由叶子中脉着色
与用铅笔着色一样。
分层次的颜色,由浅
到深。加一点红色
在绿叶上,也加一点绿色到
红花上,这样有助于不同颜
色间的过渡和衔接。多
欣赏梵高、塞尚和莫奈的
作品,有助于掌握色彩的运用。
试着用水彩笔蘸水
刷钢笔或墨水
笔画的画
原色
(未经混色的)
二次色
(经过混
色的)
从内而外给
花瓣着色。
让花朵中心看起来是圆的
可以用二和川两种线条
你可以在5到10分钟
画一幅彩色铅笔画,
也可以花上10小时。
蓝灰色
黑色
黑色
淡黄色
黑色
?
如果你喜欢
可保留铅笔痕迹
野外作业时,
需要快速表明颜色
特征,所以经常要
用到彩色铅笔,
比如这些画。
?哪一种五子雀
身长约12.7cm
在糖槭树上
1月10日威廉姆斯城
用纸巾
把多余的颜色
吸除
试试
水彩加
铅笔的
效果
湿笔画
在湿处
干笔画
在湿处
让颜色
浑浊
针笔
毛毡尖笔
铅笔

6月24日 下午6:30
在去取回大卫的自行车途中
我忍不住走过去画玫瑰花
即使在闹市里，
也可以找到与自然亲近的"使者"
画画的时候，夜晚柔和
的声音纷纷飘进我的
耳朵：
喂孩子吃饭的声音
汽车开回家的声音
麻雀叽叽喳喳的叫
雨燕轻盈地掠过
夜鹰
知更鸟
小嘲鸫模仿主红雀的叫声(!)

第八章

夏天的自然日记

没有比夏天更适合写自然日记的季节了。其他季节里，很多人没有（或者觉得没有）工夫写自然日记。可每逢夏天，很多人都会抽出时间来舒活舒活筋骨、放松放松紧绷的神经。度假时，你可能十分渴望与大自然更亲密地接触或者纵情地享受大自然的美好。这时，不要忘了带上一本15页到20页的日记本。当你写完整本日记时，你会觉得十分满足。给自己的日记选个恰如其分的名字，比如“我的暑假”、“西班牙之旅”、“在怀俄明”、“我的花园日记”、“新斯科舍省的鸟”等。北半球的夏天发生在6月、7月、8月。

夏天是探索自然保护区、公园、自然遗迹、国家森林和野生动物保护区的最佳时节。无论是林地小径、草原绿地、蜿蜒山路或者河床平地，其实每个地方都有一条独特的通往自然的路。驾车离家一个小时后，看看有什么奇迹正静候着你的到来？然后与朋友分享自己的心得，就像这位大学生说的：“在没开始画画和观察以前，我每天都在不经意中错过很多奇妙的事。自然界比我想象中的丰富多了，只是原来我没有认识到而已。现在，我越来越懂得保护这些熟悉的野生环境的重要性了。”

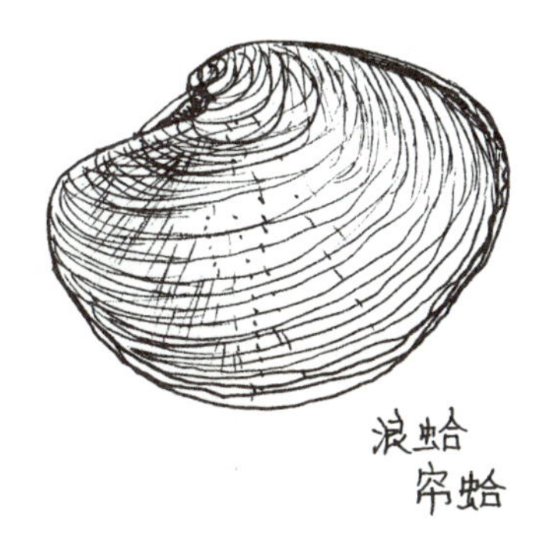

观察夏天

这个世界真是生机勃勃、多彩多姿。它就在你周围，所以，你完全有机会去观察和感受那些新的地方，那些不同于家附近的生物和生命。开始时，你只需简单地记录时间、地点、日期和天气状况即可；然后，再慢

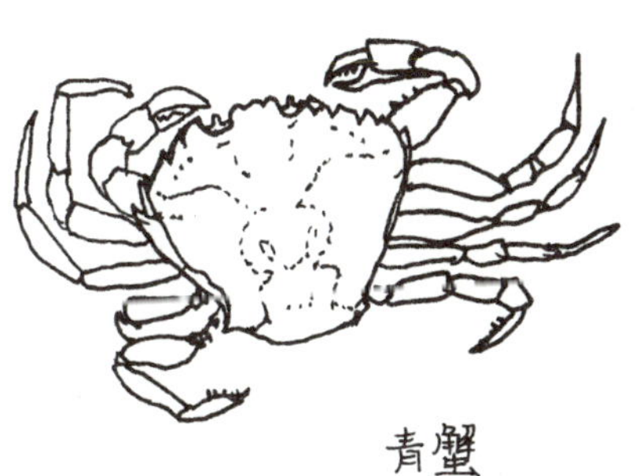

慢地记录那些听到的、看到的、闻到的和感受到的东西。无论在哪里，都要抓住这个地方的特色。

植物

观察并分别画出5种需要充足光照的植物以及5种长在阴凉处的植物。这些植物生长时需要什么养分？你能观察出这些植物开花的顺序吗？哪种花在6月开？哪种花在8月开？哪种昆虫分别对哪种植物情有独钟？分别记录它们的大小、颜色、生长地点和其他的显著特征。在你家或者学校的附近，是否也生长着这种植物？

树木

如果你正在造访一个新地方，请画出5种不同的树的形状并趁机了解它们。画幅不要太大。比较这些树长满叶子的轮廓和冬天的裸树的轮廓有什么不一样。你家附近有没有类似的树？哪些动物在树上栖身或觅食？

动物

从你的日记观察环境中选出5种动物——昆虫类、爬行类和两栖类都行，为这些动物画一幅画。这些动物夏天会做些什么？到图书馆里翻阅有关这 5 种动物的书籍。寻找这些动物的生活线索，并在日记中用图画做记录。这样，即便不能亲眼见到这些动物，你也可以通过动物们留下的脚印、咀嚼过的食物、洞穴或者排泄物，来判断它们是否存在。

水彩画

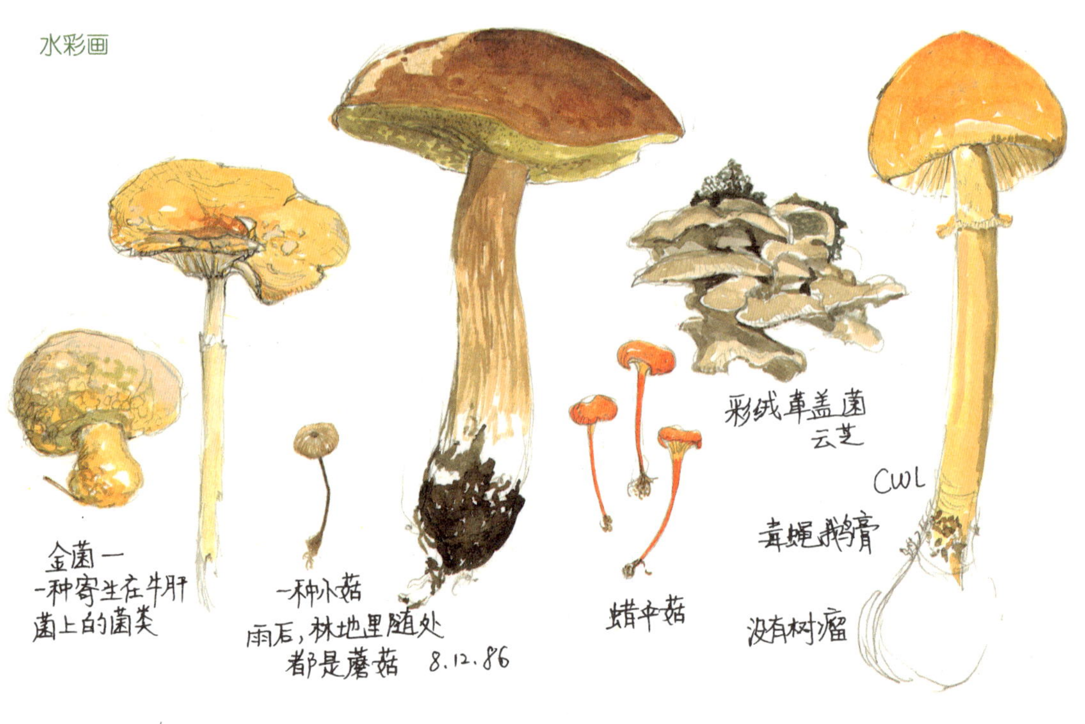

鸟

你的生活环境里有哪5种鸟？它们是一年四季栖居于此，还是春归秋徙？滨鸟、水鸟、远洋鸟、海鸟、鹰科、猫头鹰科、啄木鸟科、鸣禽科，它们属于哪类？抽空学习怎样正确地使用野地图鉴和双筒望远镜，这有助于日后进行观察。或许，你能找到一只筑巢的鸟。在不惊动鸟爸爸、鸟妈妈的情况下，观察记录小鸟的成长过程。找个朋友和你一起去，这样就不会觉得孤单了。

天气与季节

啊，夏天！这可是出去研究夜晚天上主要星群的大好时机！当然，夏天也提供了学习云相并思考它们是怎样影响天气的好机会。其中，最有意思的，是观察、记录雷雨前常见的积云的形成过程：先是简单的积云，然后积云慢慢地叠积形成个小山状的云团，云团上还有一块扁平的砧状云。游泳和钓鱼自然也可以作为夏天活动日程的一部分，娱乐的时候还能趁机研究水中的生命，比如青蛙和孵卵的鱼。夏天还有一年中白昼最长的一天——夏至。

你自己

你对夏天的天气有什么感受？面对团团锦簇的花、筑巢的鸟、亮闪闪的萤火虫、令人心惊胆战的夏日风暴、生机勃勃的水塘、潺潺的溪流和浅水洼，你又有怎样的反应？画一些你认为可以代表这个季节的事。

对比过往

抽个时间，比较一下新造访的地方与你家附近有什么不一样。记得经常重游故地，看看那曾经最爱的地方、风景或者近郊在这个季节里换上了怎样的装束。右边的图画是散步时画的，先用墨水笔勾勒好轮廓，回家后再细细地涂上水彩。

清楚地看见北美啄木鸟的一举一动
（先是我们听见一声刺耳的啄木鸟叫）
一只黑色小猫
一路跟着我们，"喵·喵"
是野猫吗？在这儿，野猫很常见
很多小鸟在树上忙进忙出——
难道秋天开始催它们了？
约61cm
路边的枫树上，有个好大的洞
红隼在树上追着
扑动翅乱飞
这个夏天
白云的形状真是太棒了！
正适合画画
从哈维家向北看，
10只北美蓝知更鸟在电话线
上蹦来跳去！

自然绘画练习：动物

画动物——无论是动是静……

动物移动时，只有盯着看才能抓住它的整体轮廓。画几幅轮廓组合图和动态素写，这样就能看出它的轮廓主要是由哪些几何图形组成了。一旦动物动了，就赶紧画下一个姿势直到动物又恢复了先前的姿态。这样反复几次，你就可以同时画二、三幅甚至四幅画。一旦你熟悉了基本轮廓，就可以凭记忆画细部特征。

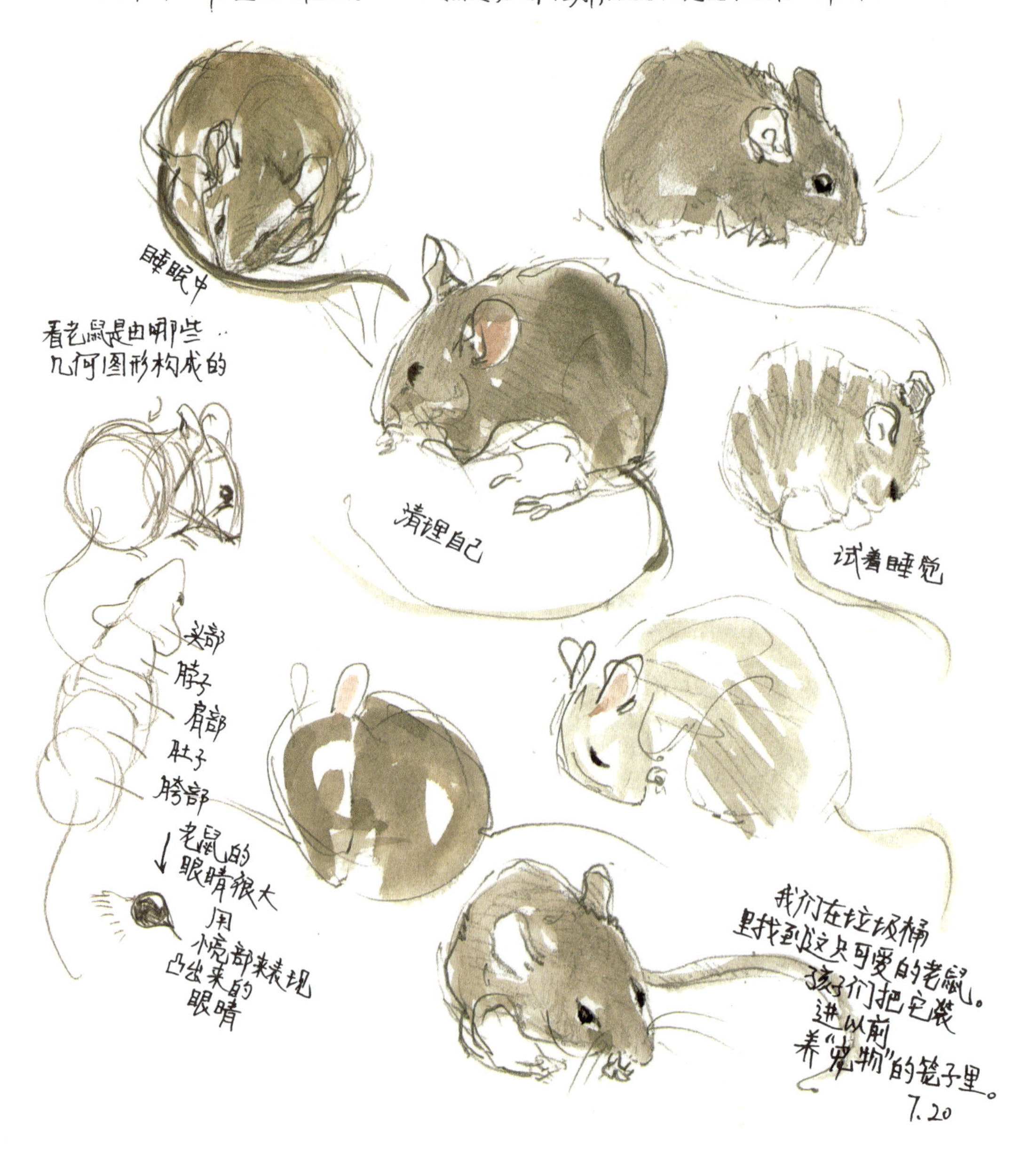

睡眠中
看老鼠是由哪些几何图形构成的
清理自己
试着睡觉
头部
脖子
肩部
肚子
胯部
老鼠的眼睛很大
用小亮部来表现凸出来的眼睛
我们在垃圾桶里找到这只可爱的老鼠。孩子们把它装进以前养“宠物”的笼子里。
7.20

收集证据

野地速写暗示着无数的线索。当你无法把样本带回家仔细辨认的时候，野地速写能帮你抓住必要的细节供事后辨认。尽量抓住多个角度和细节，越详细越好。

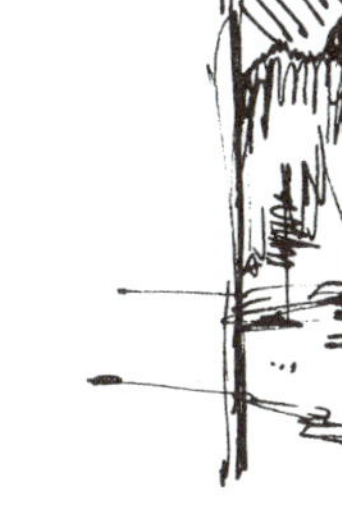

7月1日
2:20pm
横跨科罗拉多州落矶山国家公园的山路上

下雨时，安娜+我正在欣赏这片景色
瞧见：黄昏雀

克拉克夜鸟（+幼鸟）

一只巧克力色的麋鹿——颈部+头部的颜色尤深

北美黑尾鹿？
用几何图案画动物的躯体
警觉的大耳朵
深色的皮毛
注意看——八月一到，深色的皮毛变成了棕色

不是黑尾鹿
是麋鹿
事后，有个公园工作人员看了我的画后告诉我的……
摆动耳朵驱赶苍蝇

聆听昆虫“奏鸣曲”

在悠游的夏日，不妨出去散步或者静静地坐下来倾听昆虫们的交响曲。尽量单个地观察“乐手”，这样才能把“乐手”的声音和形貌联系起来。可以借助野地图鉴来识别“乐手”，当你“只闻其音，不见其形”时，可以靠听录音来识别不同的声音和乐手。有机会的话，观察昆虫们是怎样发声的。观察昆虫是通过快速地来回震动翼翅边缘发声，还是用脚来摩擦翅膀发声。

纺织娘

身长约3.2cm·淡绿色

纺织娘

通过快速地上下摩擦处翅的锉状边缘发声。树上的纺织娘看起来很像树叶的一部分，它们长着很长的触角。纺织娘有很多种。

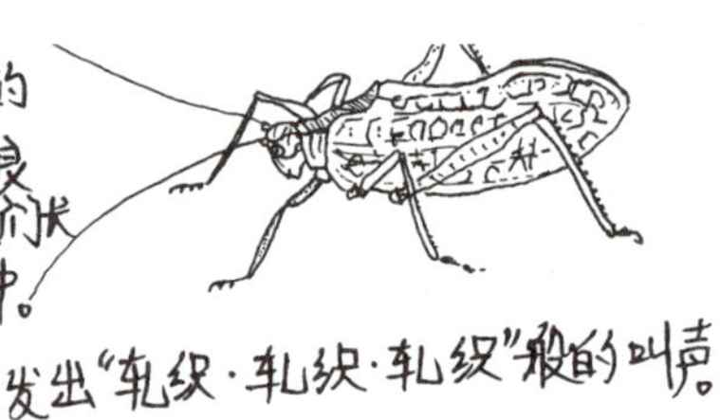

发出“轧织·轧织·轧织”般的叫声。

红脚蝗虫

陆生昆虫，靠短程竖直飞行移动。飞行时，翅膀会发出“嘶嘶”声。短触角，蝗虫通过摩擦后腿与上翅硬化的翅脉，发出刺耳的声音。

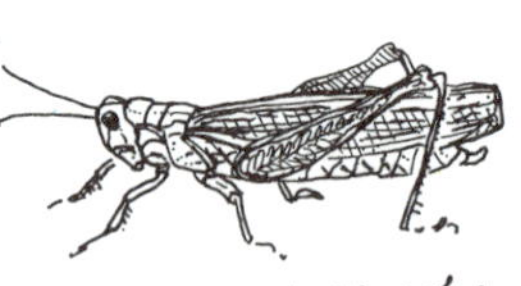

红脚蝗虫

1.9—3.1cm

绿色/褐色

发出“嘀唧唧——唧唧”撕裂般的叫声。

野地蟋蟀

大部分在夜间活动，通过微抬翅膀，前后摩擦双翅发出“唧唧”声。喜欢在温暖、光滑的地方筑穴。

野地蟋蟀

约1.6cm

黑色

♀

♀的产卵管可以刺进泥土里产卵

发出“吹特·吹特·吹特”的鸣声。

雪树蟋蟀或“温度蟋蟀”

雄虫会在树上或灌木丛中发出柔和含糊的叫声。它在15秒内发出的“唧唧”声的次数加上40，就能大致推断出当地的华氏温度。天越冷，叫声越慢。

雪树蟋蟀

约1.9cm

柔和的绿色

发出“车·车·车·车”般轻微而模糊的声音

一年生的蝉，或“知了”

每逢炎热的日子，树上会传来一种悠长而且越来越响的鸣叫。雄蝉靠腹部的“音箱”发声，而不是翅膀。

蝉

深褐色，约3.2cm

发出响亮的“吱吱”声

直翅目—

顾名思义，长着“直直的翅膀

半翅目—

意即“只有半个翅膀”名副其实的虫子

*昆虫不等于臭虫。只有半翅目的昆虫才叫臭虫！瓢虫实际是甲虫。

同翅目

长着“相同形状的翅膀

膜翅目

长着“薄膜般”的翅膀

双翅目

有两个翅膀

鞘翅目

长着“鞘状翅膀”的甲虫。

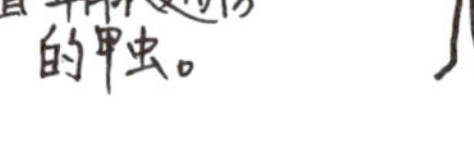

鳞翅目

长着“鳞片覆盖”的翅膀

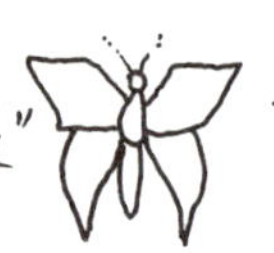

蜻蜓目

有“咀嚼式口器”

自然绘画练习：蜘蛛和昆虫

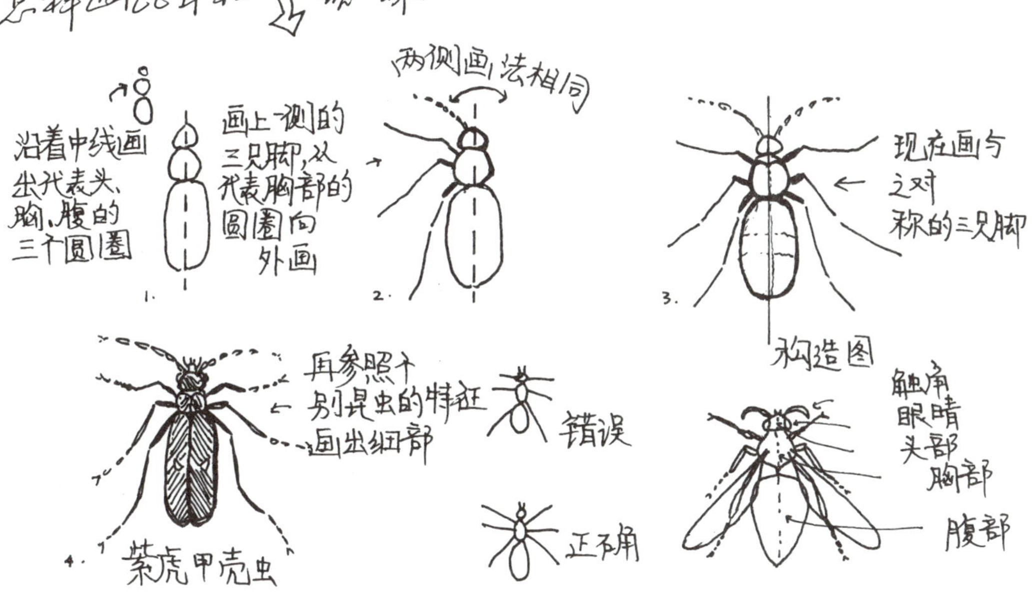

虽然蜘蛛与昆虫相似，可并不是昆虫。两者身体的组成部分和脚的数量有明显的差别。

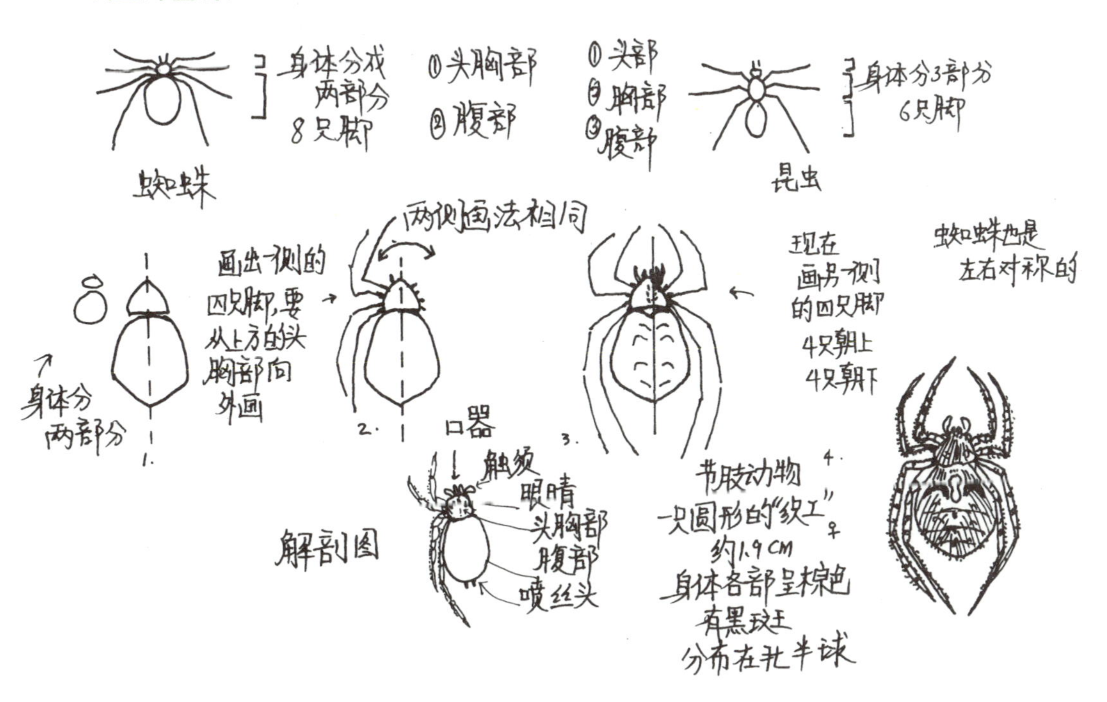

画画识别物种

右边的画是克莱尔在主持一次成人自然日记研讨会时画的。这次高峰会是在科罗拉多的洛矶山国家公园附近的埃斯蒂斯公园举行的。会议由国家野生动物联盟赞助，为期一周。我们和罗杰·T·彼德森都参加了会议。会上，克莱尔和罗杰共同探讨了野地鉴识速写的价值。

薰衣草
直径约1cm
约122厘米的蓟
8月14日
怀俄明黄石国家公园
与家里附近的景色迥然不同
一时值夏末
"我们开车跑了近3000英里,就是为了这美景!"
画蓟的时候,听见木墩子上传来一阵磨爪子声——
原来是一只花栗鼠,比我们那儿的毛色深
?
它坐在那儿盯着我,想从我跟前窜过去。靠近点,想借过!
匆匆地跑到我北面。
"呱呱"
"呱呱"——
好吧,你赢了……
11:20am
忠实的老温泉又喷出了水柱
在旅店里
两道横斑
不是隼
淡黄色的纵斑
松针
2.5cm
尖尖的
褐色
3.8-5cm
花旗松
+球果
被风扎的小干松
和?松鼠
皮毛比我们那里的深些—叫声没什么两样

自然绘画练习：家养宠物

画家中宠物——每逢外面下雨、夜幕降临，或者当你想尝试室内作画时，不妨一试。

把家里的狗作为练习对象
有助于日后画狐狸、土狼和狼。
画一些平直的线条
代表地板，与狗身成
一定的角度，这样会让人
觉得狗是躺在地
板上的。
练习画家养的猫
画猫有助于将来画山猫、美洲虎、
狮子和其他的猫科动物
瞳孔可以眯成
细缝，也可
以完全放大成
瞳仁
先画草图，
狗身部分由若
干个圆圈
构成。如果狗
挪动了身体，
你可以凭记忆
接着画。

眼睛的侧视图

先画草稿，
抓住基本
轮廓和脸部
的对称。

仔细研究
猫头，
猫的眼睛位于头的
正前，而不是侧面！

如果猫不断移动，
就趁机画各种
不同的姿态。

克利奥—16周大
因为小猫动个不停，
所以这幅图大多是
凭记忆画的。

1. 先画外形
2. 找出每只猫的特征：
眼睛、斑纹+
毛色
3. 要从头到尾仔细
地画毛皮；头部的
毛较短，后腿和
尾巴的毛较长。

园艺之趣

对很多人来说，夏天是着手园艺的好时机。花园是观察自然奇迹的好场所，比如种子发芽、生长、开花、结果；昆虫们一边传播花粉，一边偷吃园子里的植物；植物在水分充足和缺水时的不同反应；一堆混合肥料里的生态世界等。这些都是自然日记的“养分”。写一本关于夏日园艺的自然日记，这样就可以每隔一周、两周、一个月甚至一年比较一下记录过的园艺生活了。园艺日记可以帮你了解什么植物适合长在周围、什么不适合。除此之外，它还能帮你回溯自己是怎样在花园的不同地方轮作植物的。最后别忘了加上撒种、收割、萌芽以及各种病虫害发生的具体日期。

8月5日的晚餐=小胡瓜、一点老豆、西红柿、胡椒、甜菜、莴苣

了解陌生地方的物种

当你处于一个新环境的时候，不妨画一下那里的植物、动物、人或者风景。这有助你了解这里环境的特点，还可以把它和你熟悉的其他地方作比较。一次，克莱尔参加在俄勒冈的西卡艺术生态中心举行的成人野地日记研讨会，会议为期一周。于是，她留下了这些速写。

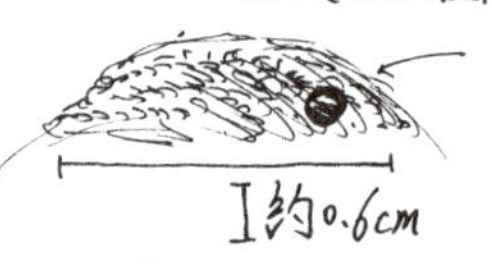

1996年8月6日
俄勒冈奥蒂斯市 西卡中心
2:15 PM
晴朗·无云
约24°C
听见：
风吹过云杉林的声音
踩踏草皮的声音
电锯声
铁锤的敲击声

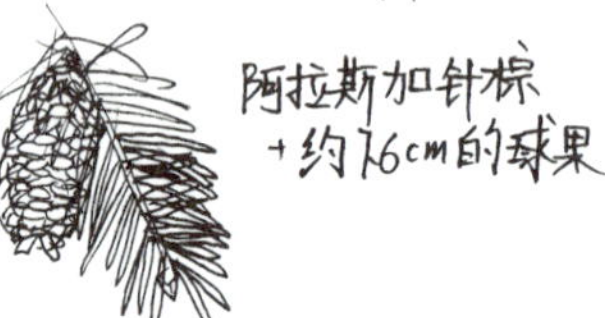

湛蓝的天 晴空万里

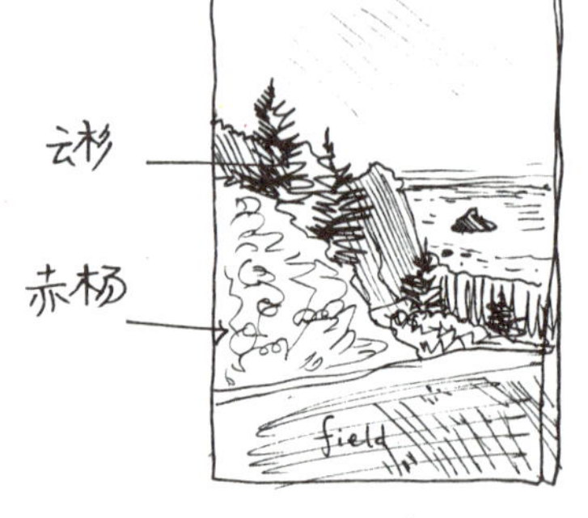

从西卡艺术中心眺望太平洋

向北遥望喀斯喀特山顶

从喀斯喀特山顶向西看到的风光

朝东北方眺望西卡
海绿树燕
红喉潜鸟的亚成鸟
茂密的丛林中，
到处是湿漉漉的青苔
云杉
铁杉
从朱迪斯家的小屋
向北遥望喀斯喀特山顶
鲑之河的
出海口
安娜+我
住的"树屋"

衣兜儿里的朋友

当我们漫无目的地走在海滩上，穿越密密层层的林地或者慢悠悠地走在乡村小路上的时候，看看四处有没有什么可收集的东西，然后装在衣兜里带回来。当你回到家、露营地、旅店或者朋友的家后，选个安静的时刻把兜儿里的“宝贝”翻出来写进或画进日记里。这可是花时间提高画画技巧的好机会（第九章有更多的绘画技巧指导）。

第三部分

欢歌四季

克莱尔自然日记新选

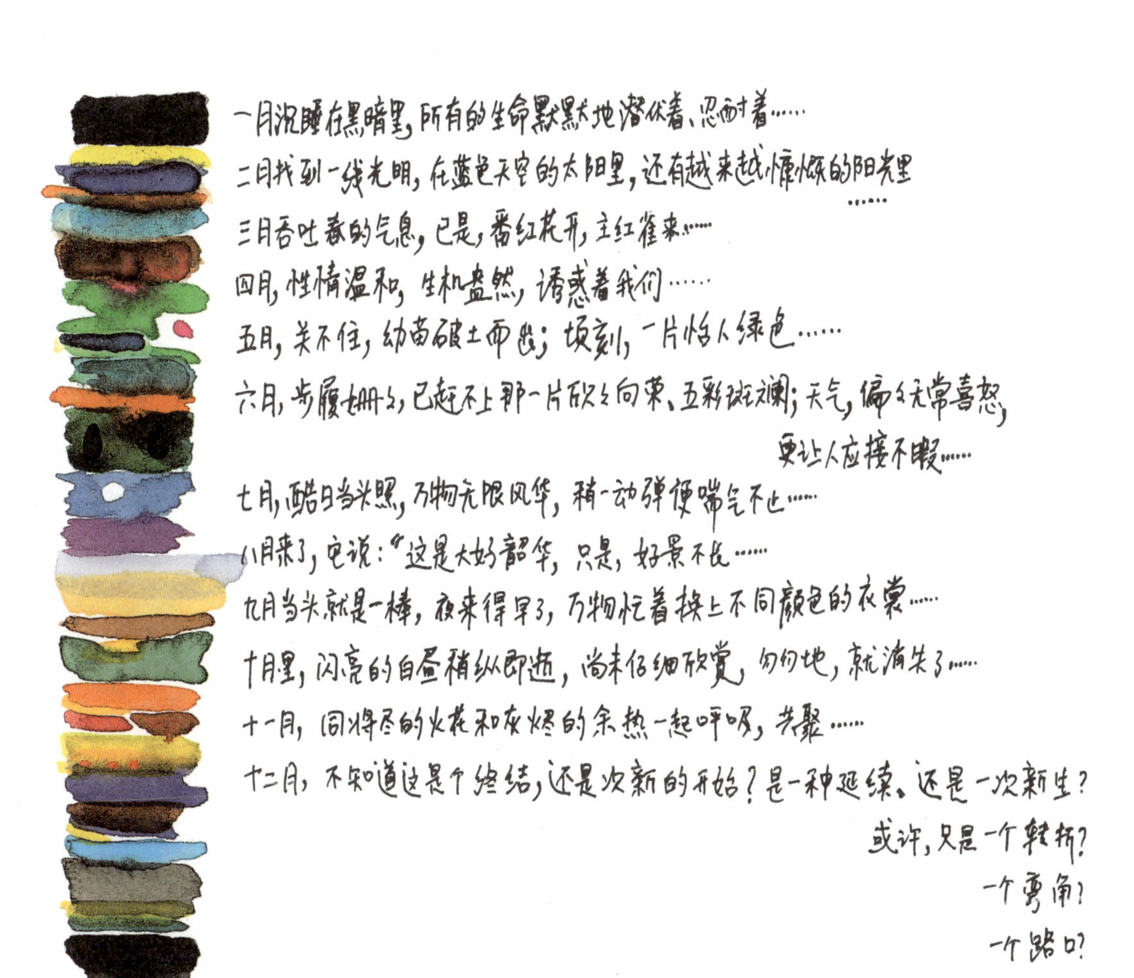

一月沉睡在黑暗里，所有的生命默默地潜伏着、忍耐着……
二月找到一线光明，在蓝色天空的太阳里，还有越来越憧憬的阳光里……
三月吞吐春的气息，已是，番红花开，主红雀来……
四月，性情温和，生机盎然，诱惑着我们……
五月，关不住，幼苗破土而出；顷刻，一片怡人绿色……
六月，步履姗姗，已赶不上那一片欣欣向荣、五彩斑斓；天气，偏偏无常喜怒，
更让人应接不暇……
七月，酷日当头照，万物无限风华，稍一动弹便喘气不止……
八月来了，它说："这是大好韶华，只是，好景不长……
九月当头就是一棒，夜来得早了，万物忙着换上不同颜色的衣裳……
十月里，闪亮的白昼稍纵即逝，尚未仔细欣赏，匆匆地，就消失了……
十一月，同将尽的火花和灰烬的余热一起呼吸，共聚……
十二月，不知道这是个终结，还是次新的开始？是一种延续，还是一次新生？
或许，只是一个转折？
一个弯角？
一个路口？

李树岛
冬日白的光
洒在平冰上
下午1:30
2002年1月18日

我坐在车里，匆匆地、随意地把这景象画进自然日记里。在野外的时候，我总是喜欢用这套价格低廉的普兰（Prang）牌水彩笔，一盒16色。

东南方
清晨的太阳
当我手忙脚乱的时候，窗外看到的
邻居家的屋檐上，鸽子们在残雪和冰柱旁，亲密地谈情说爱……
松鼠朝着我家屋顶入口处的一堆雪奔去，它是要来这儿的饲鸟器吃食的。
松鼠正处于求偶期——研究松鼠的专家告诉我，自冬至起，松鼠间的追逐，摆尾巴、低语以及其它的"搔首弄姿"行为就渐多——这是不是上个夏天家族"冥思"活动的继续？去年9月，4只松鼠聚在一起，一只趴在路上。
树丛
电话线
在电线上啃雪
我脚下的兔子，一副百无聊赖的样子。

2.2.03 雨夹雪·外面有冰·天空阴沉沉的
现在，我唯一能画的就是这只兔子
艾里克＋珍妮的兔子
晚上九点

当你画过一只兔子后，就会画很多的动物了……

一只白色猫头鹰的故事

2月9日

10:30→在达克斯布雷海滩探险

(大卫正在开会，安娜与她小学的人呆在一起。

我可以和麦克斯一起自由地撒欢了)

↳第一个想法就是立刻消失——

[这可真是个人类的"大事之年"：

9月11日举行超级杯决赛＋昨晚是盐湖城的奥林匹克开幕式]

我们来到海边，海风习习，阳光很好，约-6°C。

几只鸟——绵凫
黑雁
＋红喉秋沙鸭

潮水正退去，
看来是个"风平浪静"的日子……

我把小狗麦克斯牵出来散步。沿着高高的松树丛，我们漫步在沼泽和海湾之间。
我看着那些野鹅和鸬鹚：麦克斯没了牵素皮带的束缚，正自由地四处游荡。
我有种异样的感觉：20码开外的地方一定有什么东西在盯着我！

打哈欠

这些画是在我上了车后用签字笔和彩色铅笔画的。虽然坐在车上，我依然不住地朝那边的海滩张望。深知回到家后，我的记忆就不会这么清晰了。

受好奇心驱使，鸟类守望者开始行动。
我开始观察—记忆它的轮廓。
麦克斯也在观察——还不停地嗅闻空气中的气味。
猫头鹰正在盯着麦克斯——显然，它很好奇——还扬了扬脑袋，好看个仔细……

20-30分钟后

我们悄悄地靠近点儿。

大概讨厌我们，猫头鹰振翅一飞，叼着午餐朝那些高高的松树丛飞去。

抓起一只猎兔狗

盯着那些观鸟的人

我压抑不住心中的激动，冷不防迈进了水坑。在冰冷的泥浆里，我全身都湿透了。但是，拍了拍身上的泥，我决定继续跟踪它。
在松树丛后面的一座山脊上，我们再一次侦察到它。终于跟上它了，可它拍拍翅膀，又飞走了。

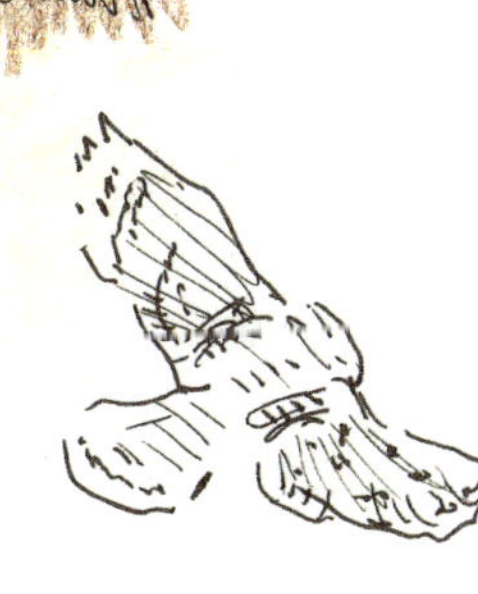

兔子
浣熊
狐狸的脚印

我与这儿的一个男人攀谈起来。他父亲在林子里有栋房子。他在这里断断续续住了10年。我们滔滔不绝地讲着保留野生地的重要性。他是个建筑工人，可他十分讨厌现在的建筑行为。
我们还谈到狐狸。

在野外画了一天的鸟——尤其是画了一天鸟的翅膀，现在终于回到家。但是，我又一头扎进画板和野地图鉴里，继续做“家庭作业”。

如果你从前一直画海鸥，突然改画猫头鹰，恐怕还真有难度哩！

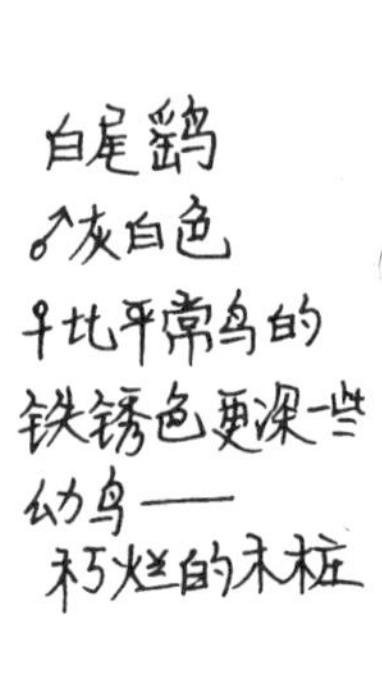

3月28日 下午两点
奥本山公墓
日间，阳光朗照
今晚是一轮满月
在接连两天的阴雨天气后，天空出奇地亮。
没有猫头鹰
窝里也看不见鹰的影子
伏牛花、忍冬和女贞的花苞簇拥着新生的小叶芽。
两只翠鸟，燕雀和无数的红翅黑鹂
如果此刻坐下来，我一定还会看到些什么……
CWL
©2002
日出时间：5:35am
日落时间：6:05pm
白昼时间12.5小时
松鼠的饭
阴凉里的番红花
苍蝇乱飞
主红雀的歌儿妙不可言！
大老鹰
正在远处绕着窝
盘旋
从现在起，
每天都能看见连翘
冬日里
橡树的叶子
标准的
东北枫树的
轮廓
红尾巴的老
鹰飞回巢
里边
回巢=
巢=长度以厘米

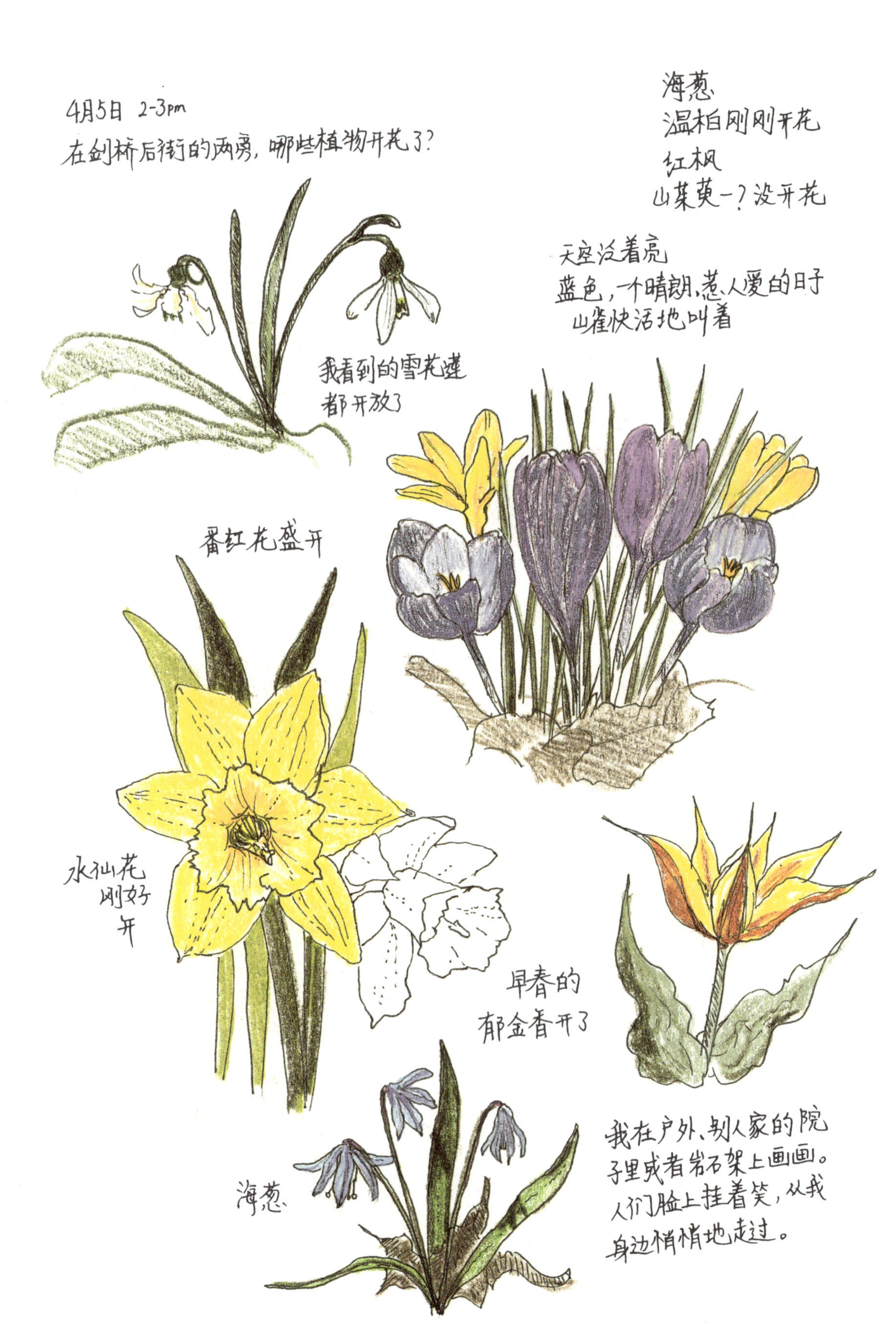

4月5日 2-3pm
在剑桥后街的两旁，哪些植物开花了？
海葱
温柏刚刚开花
红枫
山茱萸—？没开花
天空泛着亮
蓝色，一个晴朗、惹人爱的日子
山雀快活地叫着
我看到的雪花莲
都开放了
番红花盛开
水仙花
刚好
开
早春的
郁金香开了
海葱
我在户外、别人家的院
子里或者岩石架上画画。
人们脸上挂着笑，从我
身边悄悄地走过。

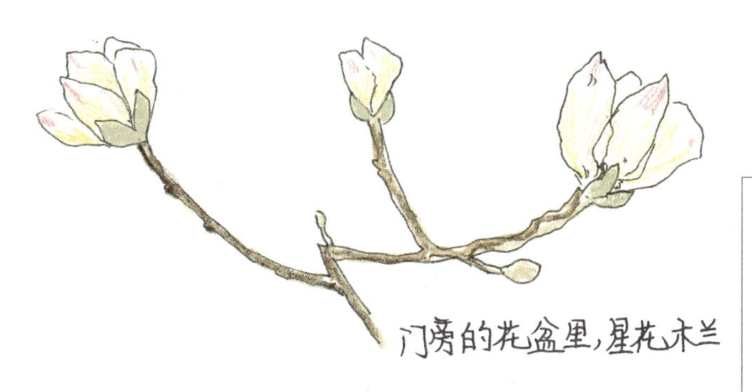

门旁的花盆里，星花木兰

有时候，我觉得带着日记去散步简直是一种“挑战”——因为这无疑是逃离世间纷扰的一个好借口，而且我还可以借此留意一下大自然的光景，哪怕片刻也好。

与紫罗兰花
竞相开放。
猩猩木的红色
花苞依然躲在里
面。

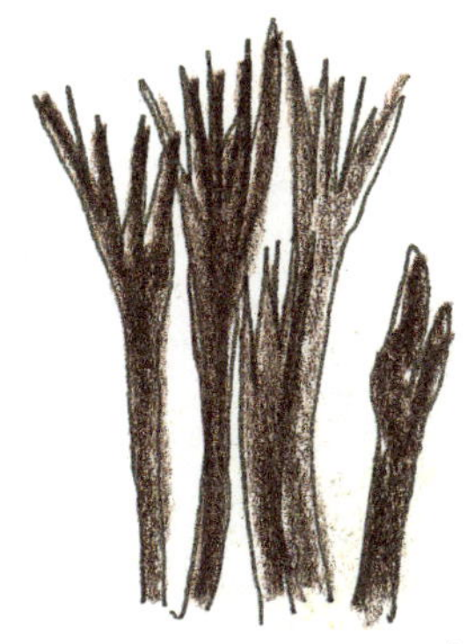

鲜红的茎长到了约30厘米

红枫开花了
柔嫩的
苹果树叶子
女贞开始著花

在温暖的院
子里，连翘也刚
刚吐露芳泽

杜鹃花

标本往往很难长久贮存，除非把它冷冻起来。那个夜晚，我终于能腾出时间来画这只迷人的鸟，并思索它的生命了。

5月20日

施耐德房子的对面
有个干草棚，我在
干草棚旁边的路上捡
到这只崖燕，N-Hollow路，罗切斯特
佛蒙特

我和一个朋友在奥本山公墓庆祝古老的凯尔特的“四旬节”和春分、秋分、冬至和夏至四个节庆。（我不小心把水瓶弄翻，水洒在日记本上。）

6月20日 星期三
夏至 上午7:30
湿度增大，天气着实惹人喜爱
听到的声音：
雨燕
主红雀
山雀
我们谈论着比尔·莫耶斯在美国公共广播公司发表的题为《危机四伏的地球》的演讲
日出：5:07am
日落：8:24pm
白昼时间：15小时17分
6月21日是夏至日，白天日照时间还要长一分钟，太阳在晚上8:25时落山。

10℃高温

三月以来，鹟们的生活发生了很大变化

鸟在唱歌
鹩哥
雨燕
红翅黑鹂

鹩哥

轻柔的风

没有往来车辆的嘈杂声

6英寸高的项圈草越长越高！

在小山谷里，我们有幸见证了这一美妙时刻

*我们已经开始了灭绝……

看到：
一轮新月
非洲的日食
美洲的史前巨石柱庆典
早上的交通堵塞

悄无声息的精灵

苏伦：
东面的精灵，
牵引我回家
南面的精灵，
带我回心灵的家
太阳的精灵，引导着每个人
西面的精灵，
带我回家
大海的精灵
象征深挚的奉献
北部的精灵，
又带我回心灵的家。

蜡烛燃烧数年后变成现在的样子

根的精灵＋
枝叶
带我回心灵的家。

正如冬天穿白衣裳是为了赞颂亮光，现在我们穿黑衣则是为了向黑暗致敬。

7月4日，在科罗拉多州的洛矶山埃斯特斯公园里，举行了国家野生联盟会议
海拔高度：10,180
8,010 英尺，可以感觉到高山反应！

在去吃早饭的路上，我们看见月亮在西面落下

突然间，一只灰白色的
猎鹰/鸥闪进我们的眼帘，它从
飞过荒野十人们的头顶
身上有很多斑点
体长在0.3到0.5米？
是草原上的猎鹰吗？

四下听不到林
地鸽子，或者法
国山岩鸽发出的
似有似无的
“咕咕”声。

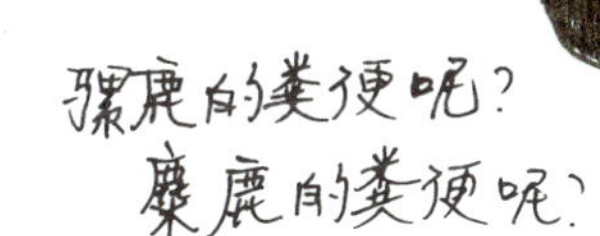

獐鹿的粪便呢？
麋鹿的粪便呢？

我曾在全国各地教过学生们怎样描绘大自然、怎样写自然日记。这几页内容就是给学生们做演示画的。

18英寸
在干燥的地方，
算高的

7月27日

临近傍晚的时候，天空忽然风雨大作，山谷顿时漫起了白雾。

晚上8:30，我试着捕获日落时分的天空与聚变。晚上9:15时，天全黑了。

在窗西画此，我一边与艾里克说话，一边画了这幅画

若想抓住日落一刻的辉煌，就得画得飞快！

整个夏天，我都在追逐日落的美景。
真想在明年夏天、或者某年夏天画上50幅有关
草原·日落·山峦，还有一天中任何时候的景色图画。
下午4点，与麦克斯散步时看到的——热天常常会有这种
美轮美奂的奇景。

10"×10"

薄暮降临

11点钟的时候，我听见横斑林鸮的叫声后跑了出来。

黑·黑·黑

天空中蒙着薄纱般的阴影，星星冲破云层
探出头来。

能听见猫头鹰和蟋蟀的叫声，还有老鼠弄出来的"沙沙"声，
狗闻东西时的"嘶嘶"声

为了把住这个夜晚，我特别画了这幅画作纪念。

远处，猫头鹰引得狗也叫起来。

在西南方，火星格外亮。

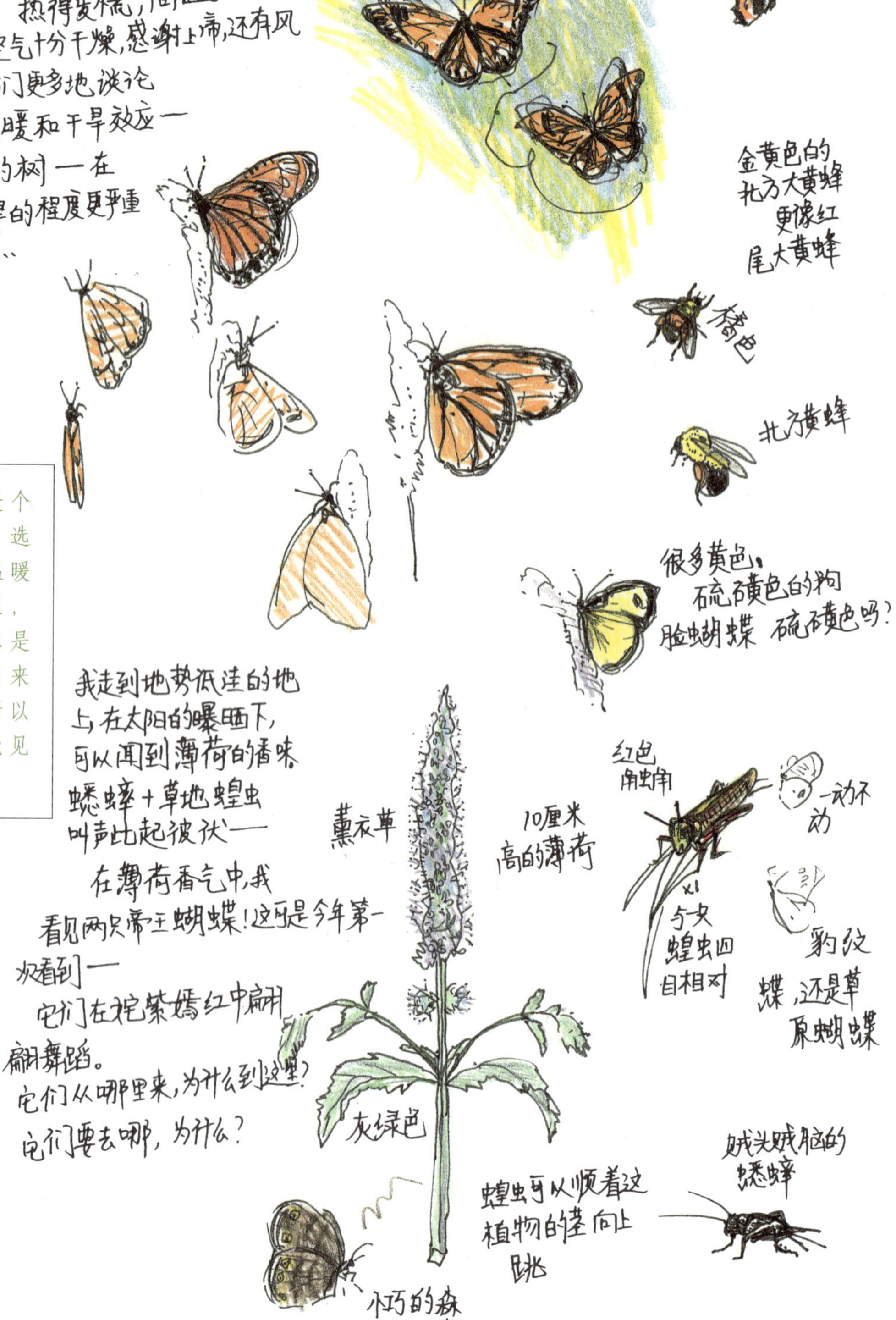

画昆虫是个不错的选择。在温暖的月份里，昆虫们总是忙碌地出来进去，所以随处都能见到。

9月23日 星期一

秋分 12:55am

日出：6:33

日落：6:40

白昼时间=12:07 约21°C.

○ 9月21日

我在自己的日记里可以随心所欲地写想写的内容。每一页看起来都那么赏心悦目。（我从不会因为沮丧而撕掉其中任何一页。）

一个闷热的日子
天黑黑的
觉得周围一片朦胧＝

五点钟时，我被一阵不寻常的声音惊醒：
瓢泼大雨！
只见树木在雨中"啊啊——"地欢叫着。

大地趁机
修补身上的
裂缝。

叶子上有点淡红，
不然就像是六月雨了。

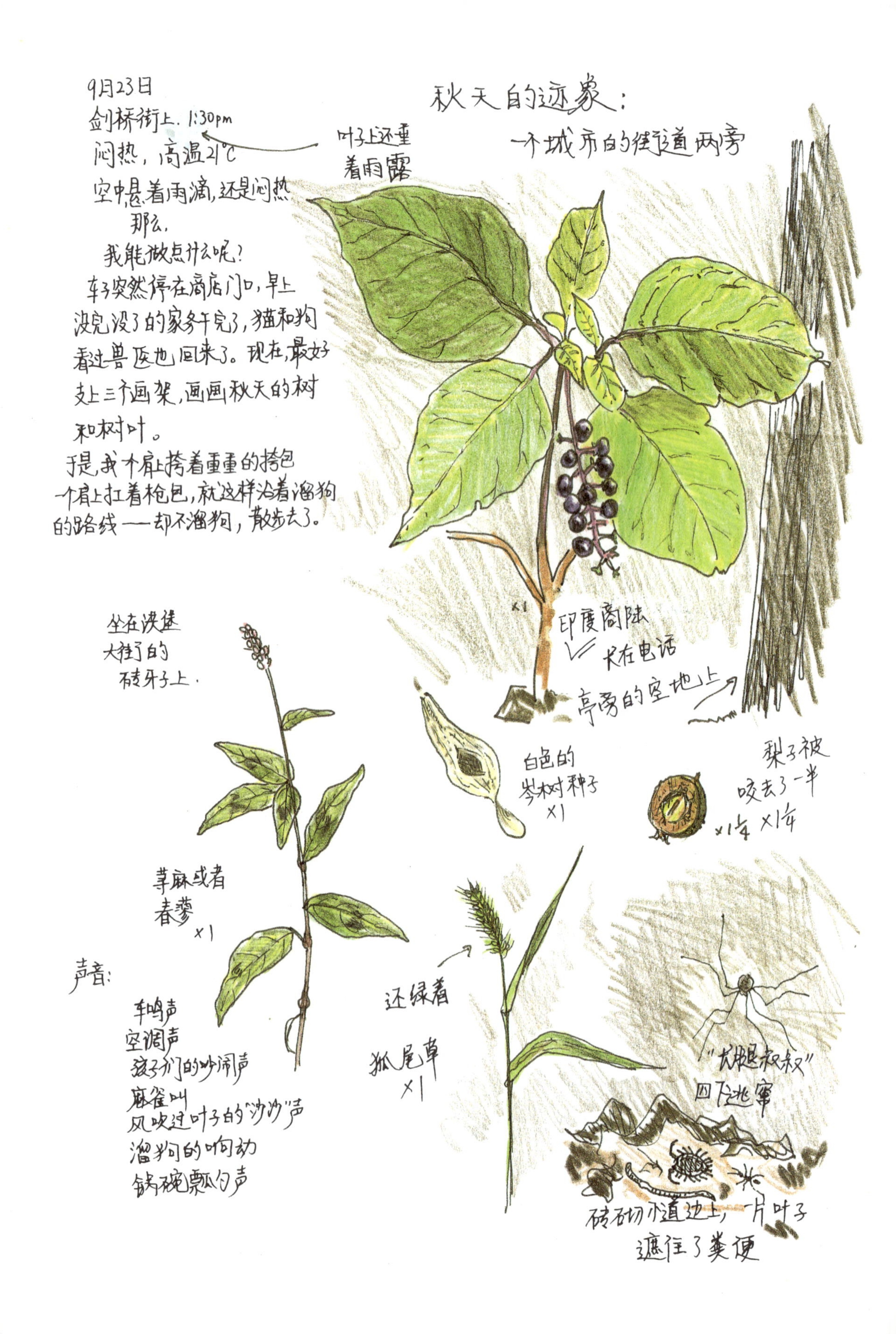
9月23日
剑桥街上. 1:30pm
闷热，高温21°C
空中悬着雨滴，还是闷热
那么，
我能做点什么呢？
车子突然停在商店门口，早上
没完没了的家务干完了，猫和狗
看过兽医也回来了。现在，最好
支上三个画架，画画秋天的树
和树叶。
于是，我一个肩上挎着重重的挎包
一个肩上扛着枪包，就这样沿着遛狗
的路线——却不遛狗，散步去了。
秋天的迹象：
一个城市的街道两旁
叶子上还垂着雨露
印度商陆
×1
长在电话
亭旁的空地上
坐在洪堡
大街的
砖牙子上.
白色的
岑树种子
×1
梨子被
咬去了一半
×1/4 ×1/4
荨麻或者
春蓼
×1
声音：
车鸣声
空调声
孩子们的吵闹声
麻雀叫
风吹过叶子的"沙沙"声
遛狗的响动
铸碗瓢勺声
还绿着
狐尾草
×1
"长腿叔叔"
四下逃窜
砖石砌小道边上，一片叶子
遮住了粪便

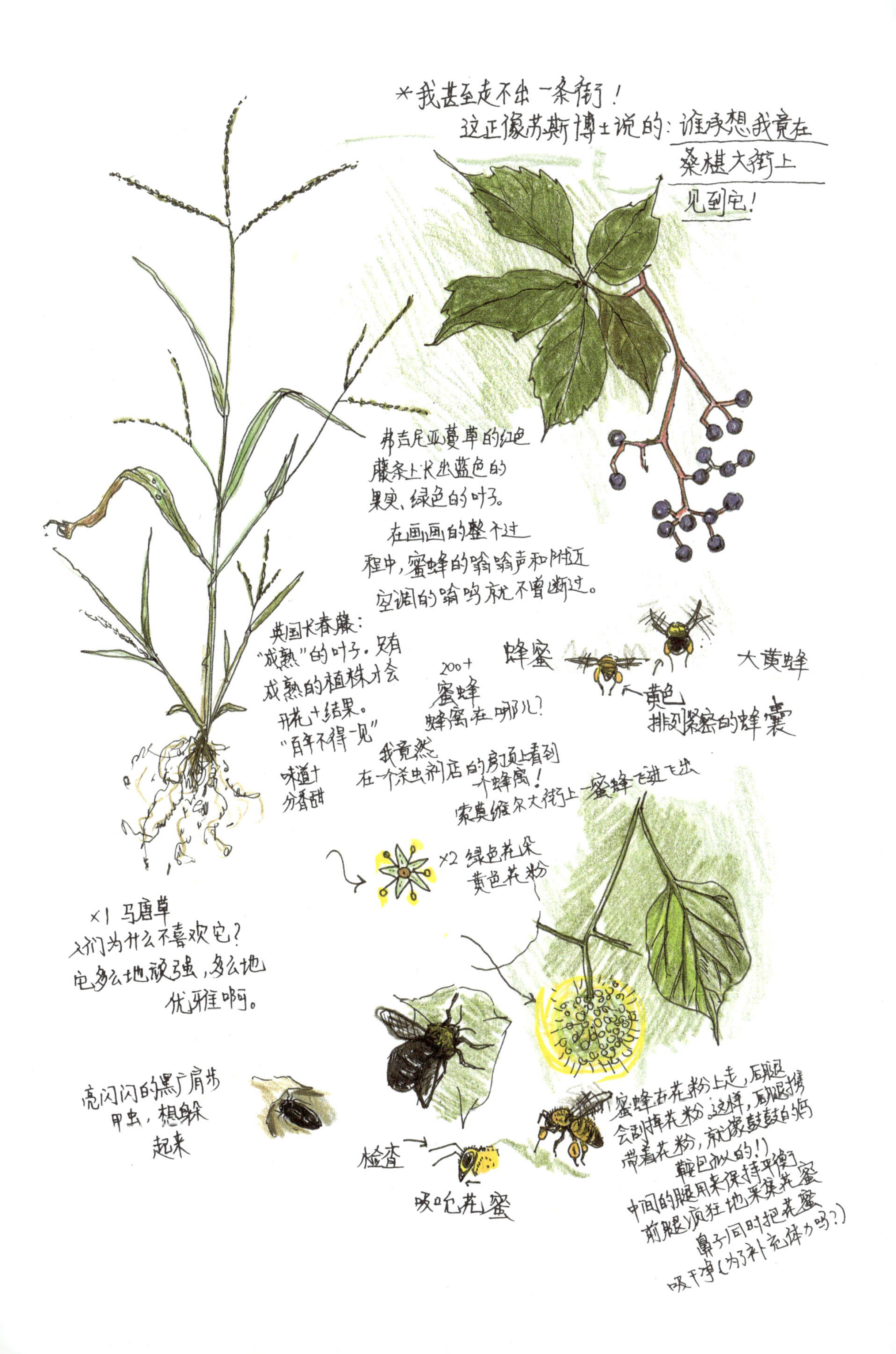

*我甚至走不出一条街！
这正像苏斯博士说的：谁承想我竟在
桑椹大街上
见到它！
弗吉尼亚蔓草的红色
藤条上长出蓝色的
果实、绿色的叶子。
在画画的整个过
程中，蜜蜂的嗡嗡声和附近
空调的嗡鸣就不曾断过。
英国长春藤：
“成熟”的叶子。只有
成熟的植株才会
开花+结果。
“百年不得一见”
味道十
分香甜
蜂蜜
200+
蜜蜂
蜂窝在哪儿？
大黄蜂
黄色
排列紧密的蜂囊
我竟然
在一个杀虫剂店的房顶上看到
一个蜂窝！
索莫维尔大街上一蜜蜂飞进飞出
×2 绿色花朵
黄色花粉
×1 马唐草
人们为什么不喜欢它？
它多么地顽强，多么地
优雅啊。
亮闪闪的黑广肩步
甲虫，想躲
起来
检查
吸吮花蜜
蜜蜂在花粉上走，后腿
会刮掉花粉。这样，后腿携
带着花粉，就像鼓鼓的鸡
鞍包似的！）
中间的腿用来保持平衡
前腿疯狂地采集花蜜
鼻子同时把花蜜
吸干净（为了补充体力吗？）

我和一个全国性的自然作家团体在一起。他们只写文字，从不画画。当他们交谈的时候，我独自画了起来。一会儿，他们看了我的画，也希望自己能画上一点东西。（现在，他们中的一些人也画起了画，因为他们觉得自己完全可以做到。）

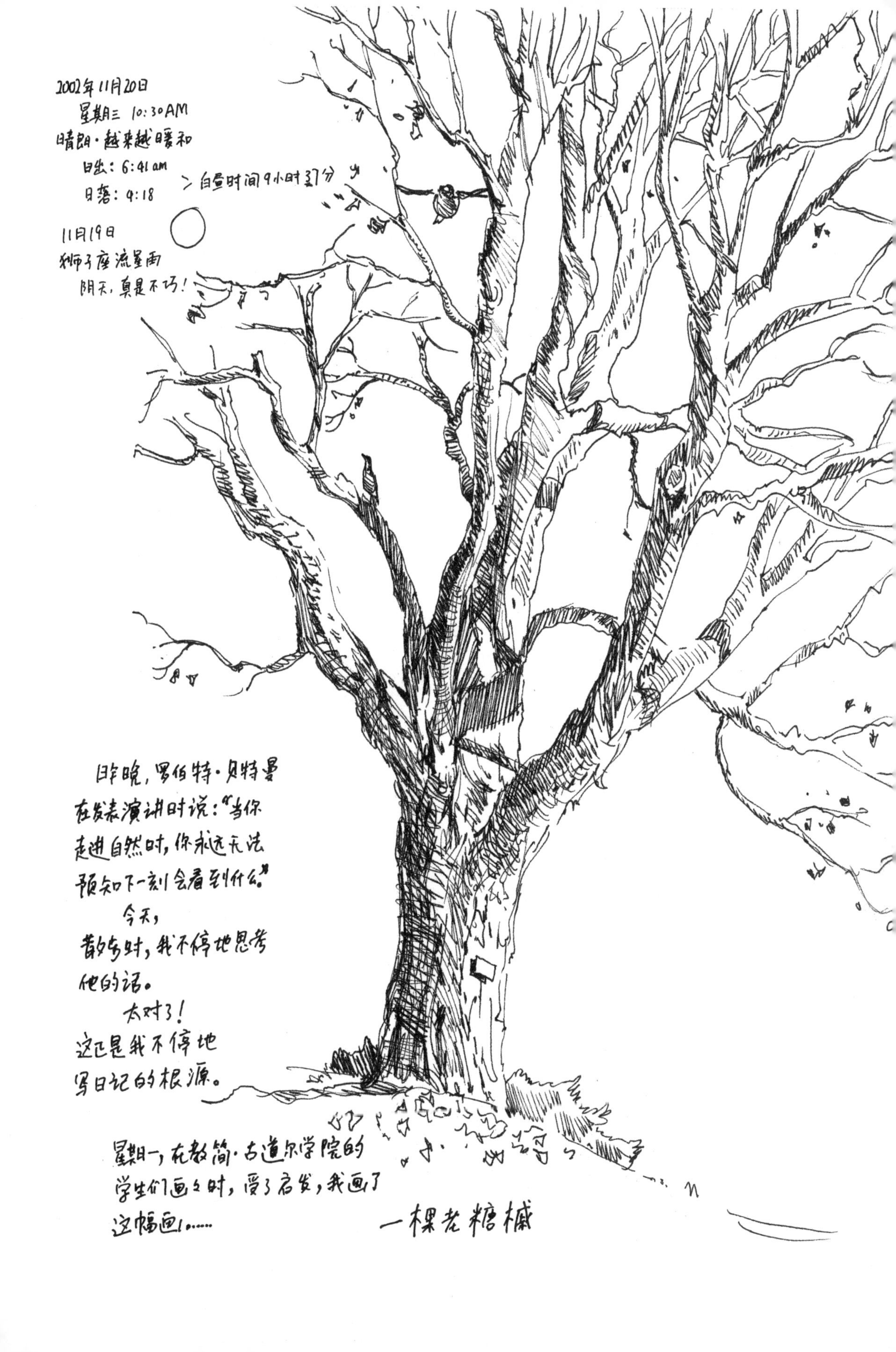
2002年11月20日
星期三 10:30AM
晴朗·越来越暖和
日出：6:41am
日落：4:18
> 白昼时间9小时37分
11月19日
狮子座流星雨
阴天，真是不巧！
昨晚，罗伯特·贝特曼
在发表演讲时说："当你
走进自然时，你永远无法
预知下一刻会看到什么。"
今天，
散步时，我不停地思考
他的话。
太对了！
这正是我不停地
写日记的根源。
星期一，在教简·古道尔学院的
学生们画画时，受了启发，我画了
这幅画……
一棵老糖槭

11月22日，星期三
感恩节的前一天 奥本山公墓
下午3点
日落：4:17pm
日出：6:44am
>白昼时间：9小时33分
高空·断云·明天黄昏要下雪

（昨天在纳提克小学，我和一群四年级的学生看到了霜花结的冰晶。）

学校的阴凉处，小草+矮小植物的边缘都镶嵌着一圈霜花

几只小鹿留下的脚印，孩子们觉得这很酷……

乌鸦们一声不吭

N
W
E
S

冷白的刺骨
2°C +/-

3:20PM
云朵飘过来

[保拉+我
看见15只朱缘蜡翅鸟，它们的"偏航"]

晚上11:30，孩子们看见下弦月越升越高

几棵糖槭树上，还有一些橘色的叶挂在枝头

秋天最后的日子

杜鹃花
含苞待放

?鸟在苹果树上搭的窝？
主红雀吗？

山毛榉树上，
夏天松鼠
住过的窝

真冻手啊！！

对我来说，画画就是自省、冥思，就是对赐予我那么多的土地所做的祈祷。每遇上刮风下雨或者暑热严寒，我的车就成了画室。

松鼠现在十分安静
—肥嘟嘟的+
长着白色的耳毛

黄昏，2只白喉燕"唧唧"地叫着

黄昏降临以前，鸟儿们依然很活跃——3:40PM

阴影里有十只灯芯草雀

几只知更鸟的幼鸟出来溜达，"吱吱"地叫着

草地上还有大片大片黄色的糖槭叶子，这些叶子落的时间比较晚。
银杏树

现在这里的主要颜色

几丛玫瑰依旧开着粉色·白色·红色的花

气味：
冻僵的干叶子味儿

声音：
- 风吹过草坪、树木时，叶子发出的"哗哗"声
- 白喉燕唱歌时的"吱吱"声
- 往来交通的声音

下午4:10，太阳远远地在西南方落下

4:20—
云霞变成了粉红色

仿佛整个城市都在燃烧！

11月27日
奥本山
8am，1°C
第二场雪
知更鸟仍在四处飞
雪上没有痕迹，只是
白茫茫的一片
灯芯草雀在雪地
上留下的
足迹
你是怎么画白色的？
你怎样用画来
表现你的感激呢？
这就是土地的恩赐。
虽然不言也不语，
却胜过感恩节的
千言万语。
这是简单的赐福。
苍鹰消失在大
片大片的灰色里……

当我带着自然日记出去画画时，我会做如意识流一般的笔记。笔记可以用作教学内容，画画的对象或者故事的情节。你看到的不是我的想法，而是我的心灵

12月11日　星期三

（父亲是1908年12月10日出生的，如果老人家还活着，今年94岁了……）

天空越来越灰，不是北极的那种灰

1℃ → 天气时好时坏

虽然最近三天交通混乱，我还是想开车去费城，由此向南，大概要7个小时——去南方透透气。

把乱七八糟的东西称作艺术：

当我与苏·盖勒谈论我在课堂上的一些错误时，一个无与伦比的形象出现了：

两只主红雀落在我家的连翘藤条上。

几年了，头一次看见主红雀飞进我家的院子！

我告诉苏：

这是神奇的

瞬间……

当我画画时（比如上面的主红雀），就觉得文思有如泉涌，而且整颗心都躁动起来。但是，我的自然日记最亲切的地方就是：当我画大自然的时候，它会让我安静下来，让我的心灵得到提升。

另一件事：

我们离开家的时候，天出奇地冷。在这冰天雪地的佛蒙特之夜，我驱车去接埃里克和大卫（埃里克把自己的车子交给综合汽车馆照看）。我仰望那轮月亮，自言自语道："至少你来得正是时候！"

最早的日落！！

4:11PM

12月19日
向西眺望水乡
日落：4:14pm
3分钟以后
就是冬至
12月21日 日落：4:15pm
一轮满月挂在空中 9:04
带着莎伦去散步
大地盖着厚厚的白雪毯子沉
沉地睡了，让我们为它礼赞吧！
洋槐的豆荚在"唰拉拉"地响，
我听见麻雀们"叽叽喳喳"地叫着。

这幅画是我戴着连指手套、抓着画笔在野外匆匆画的。当时，我想抓住在这片平凡的土地上日落时分的精华。

最后，我怀着深深的谢意以及对自然的无比崇敬，为本章作结。年复一年，是大自然的包容，让我观察到这么多微小的、美妙的瞬间，而且把它们都画了下来，让它们跃然纸上。我为能拥有这样的特权感到庆幸。虽然，我走过大江南北、异域他乡，但是，我的大部分画作都是在我家附近的3英里范围内完成的。我的自然日记里没有威武的雄狮，没有矫健的花豹，没有花哨的孔雀，也没有磅礴的奥林匹克运动场。我画的景物都是平凡的、常见的、熟悉的东西。但是，我认为，大自然的神圣和与众不同，正是借着这些朴素的外表，才更震撼地显露出来的。

第四部分

教、习自然日记

简直难以置信！竟然有这么多人对我们的自然日记发表评论，要是提前几年写自然日记该多好啊！文字与艺术相结合的日记式写作，应该成为我们的必修课。倘能在早些时候开始写自然日记，那你就可以在余生享受它带给你的乐趣。难道，这不是件令人高兴的事吗！

——史蒂夫/琳达·坎德勒，摘自1998年2月致克莱尔的一封信

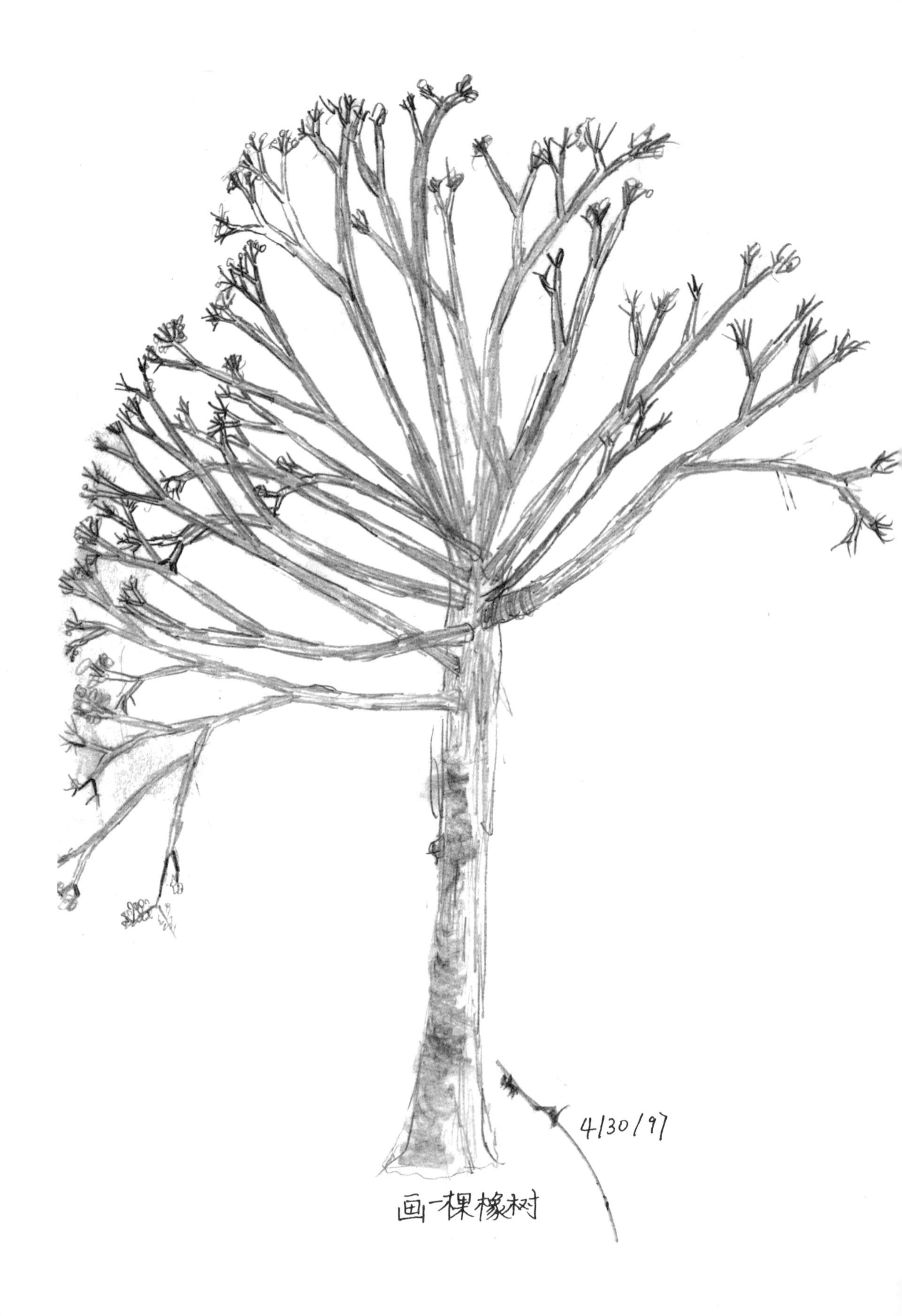
4/30/97
画一棵橡树

第九章

动笔涂鸦

同其他技巧一样，学习和提高绘画技巧也不是一朝一夕的事，而且需要自我约束能力和专注的精神。我在书中曾零碎地提到一些自然绘画练习题目和绘画的诀窍（见80、83、103、104、115、122、130、133和136页），这两方面贯穿全书的始终。在本章，你将找到一些关于初学画画和丰富绘画技巧的建议和诀窍。倘若你想更深入地研究自然绘画，“推荐阅读书目”有更多的关于这个话题的深层阐述。

人们想安安稳稳地画画，可是，自然日记的动态特性常常不能满足这一愿望。有时候，你得站着画一只四处游荡的大黄蜂，或者费劲儿地用画笔捕捉那湍急的海浪的曲线。有时候，明明你陷在一片黑暗里，可偏偏要记录月食发生的过程。还有时候，当你正要画画时，猫咪“噌”地往你身上一蹿，或者出去越野滑雪的时候，雪花落在画纸上，于是，你只好停下一会儿才能继续写自己的见闻。这些是所有专注的自然日记作家都无法避免的问题，所以一定得学会如何应对，因为它们就是自然绘画的“来龙去脉”。

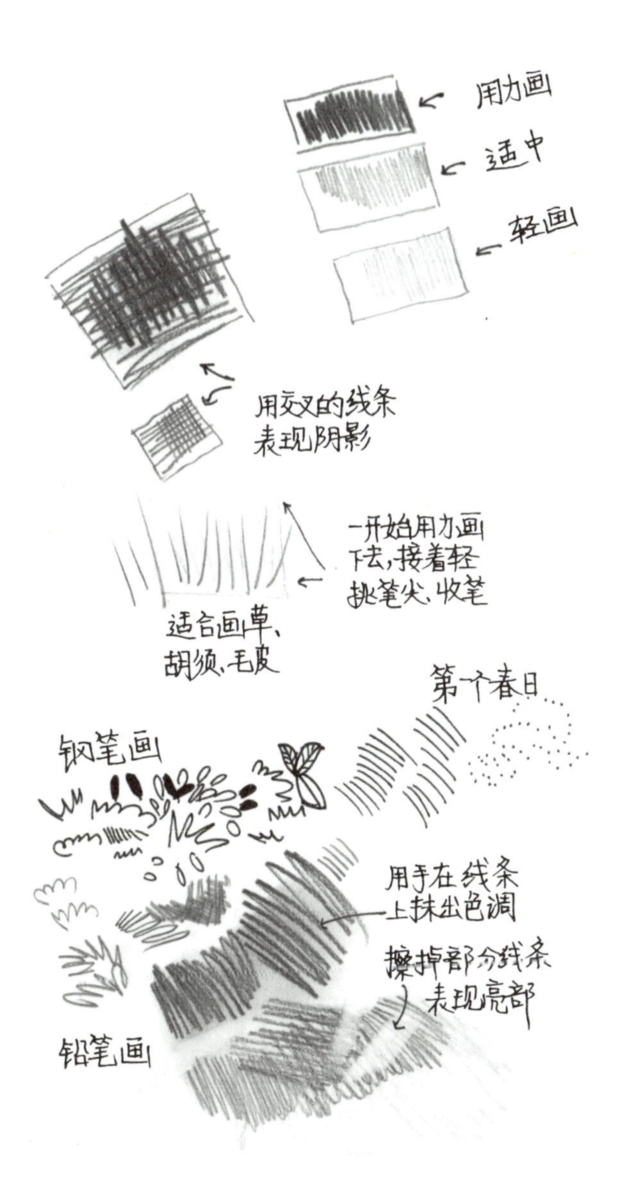

与7岁以下的小朋友们一起画画

由于7岁以下的孩子对看到的东西尚处于懵懂的认知状态，所以只能教他们有限的绘画技巧。大人不适当的介入可能会让他们丧失画画的自由，并且可能导致他们长时间地对各类绘画的抵触情绪。当孩子们想学习技巧时，他们会表现出一副饶有兴致的模样。慢慢地传授他们画画的技巧，让他们时刻都自信满满。

开始绘画练习

初学基础绘画技巧时，一些小窍门和小诀窍可以帮你树立自信。在正式写日记之前，以下的手眼热身练习可以帮你放松神经，并在画画前投入地观察眼前的事物。这些练习花不到5分钟的时间。它们与艺术学校传统的人体素描课类似，也类似于体育比赛前的热身运动或者音乐家开始长时间的彩排和表演之前的“热身”。无论进行哪种技巧训练，热身练习都是值得鼓励的。[如果你想知道艺术学校对“热身训练”的具体解释，请参考基蒙·尼库莱德斯(Kimon Nicolaides)的经典著作《自然的素描方法》*(The Natural Way to Draw)*；见“推荐阅读书目”。]

无论户内还是户外，也不论原来你是否写过自然日记，建议你按以下的顺序做5种“热身”练习：手眼同步画、修饰画、动态速写、图列特征和完整绘图。先逐一地练习一遍，然后根据自己的兴趣和日记风格特点重新调整和排序。

这些绘画技巧种类会有明显的重复。很快，你就能找到适合自己、能实现自己目标的那种风格。先练习手眼同步画，然后按顺序完成练习，这样能收到最好的效果。即便你认为没有必要每次画画之前都练习一遍，那至少也要练习一下“手眼轮廓画”或者“修饰轮廓画”。笔记自然的日记作家们一致认为：从画贝壳到画马、乌云和树木，轮廓画法都十分奏效。所以，在开始任何绘画阶段之前，我们建议你做几次这样的练习。四下观察到的小东西，比如树叶、种子、种荚、水果或者蔬菜等，都可以作为练习对象。一旦你精通了这些技巧或者准备挑战更高的技巧，可以参考183页到189页的内容，学习画不同的自然事物的快捷方法。

练习一：手眼同步画

当你初次看到某个东西时，请拿好纸笔。这时，手眼同步画是不错的练习。它会让你放松神经，集中精力，因此是再好不过的“热身”。

切记：绝对不要看画纸。目光固定在物体上，然后用连续的线条在纸上勾勒出看到的东西。千万不要偷看画画的过程，握着铅笔不放，直到画完所有的线条、轮廓、标记、胡茬儿、叶脉、眼睛、羽毛和其他的细节后才停下。可以从左向右画，也可以从右向左画，画出轮廓即可。放慢移动画笔的速度，仔细观察，不要偷看画纸！把自己想象成一只正在织网的蜘蛛，在一两分钟内完成这个练习。

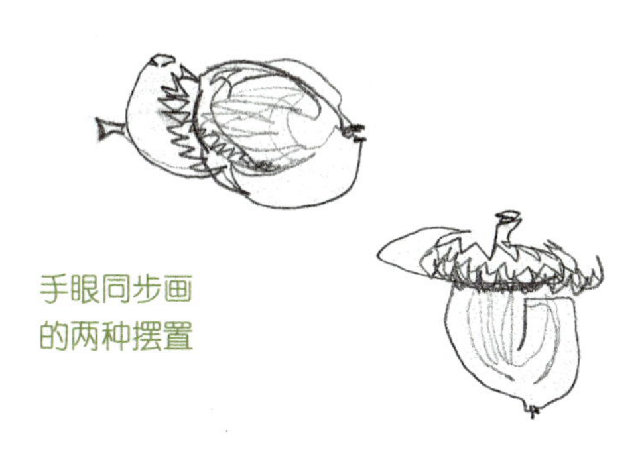

手眼同步画的两种摆置

练习二：修饰画

画一个与手眼同步画练习中相同的轮廓，可以边看图纸边画，但是，笔绝对不可以离开画纸。像刚才那样画一条笔直的、连续的线，慢慢地画，直到感觉完全琢磨透了那个物体为止，在一、两分钟内完成练习。

比较一下手眼轮廓画和修饰轮廓画两种方法，自己更喜欢哪一种？这时，可能你会发现某条线条看起来特别强劲有力，或者某个图画轮廓与你观察的事物有着惊人的相似！

修饰画

练习三：动态速写

动态速写非常适合野地艺术家，因为他们观察的目标总是移动得飞快。

边看画纸，边观察对象，拿起画笔以最快的速度把整个轮廓画下来，最好在5秒钟内完成。接着，用10秒钟接着画。最后，用15秒钟画一幅完整的素描。仔细观察，画一个大的、可识别的轮廓，试着抓住观察对象的轮廓。在艺术院校里，这项练习是这样进行的：让模特按照一定的时间顺序走动。模特每移动一下，学生们都要尽量抓住“完整形态”或者核心。

如果你愿意，可以按照5秒钟、10秒钟、15秒钟的时间顺序分别画一幅画。我们经常采用这种方法，比如当鸟类到饲鸟器处吃食的时候，它们会反复地重复某个姿势。

动态速写

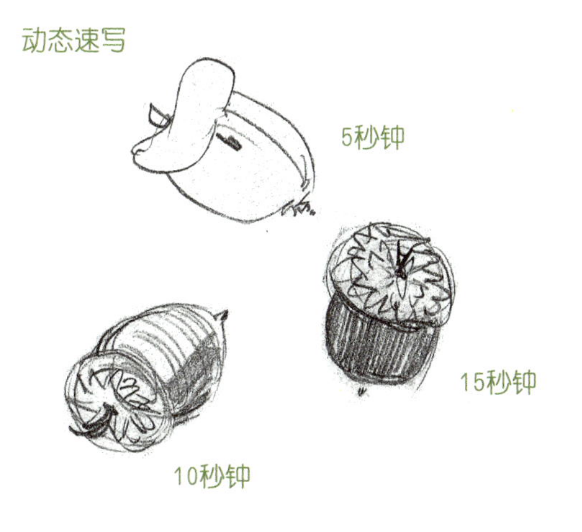

练习四：图列特征

此种技巧适用于以下情形：你发现一个自己想辨识的东西，可偏偏没带野地图鉴，而且不能把样本带回家；或者，你正与一个团体去远足，由于大家走得太快，所以片刻都不能拖延。通常，我们把这叫做“当堂作证”，因为这种作品很可能成为某种被发现、却未被收藏的东西的宝贵证据。这是初学者最常用的技巧。

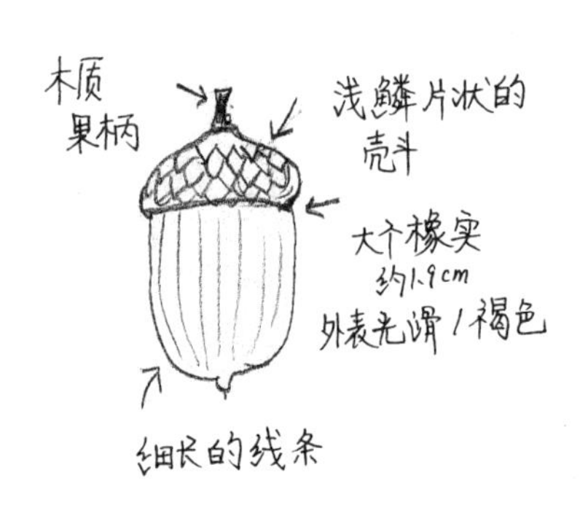

只要画出简图，就可以对照野地图鉴辨识是什么东西。把绘图目标的尺寸、颜色、形状和名字用文字注明。描述内容要尽可能详细，以便日后辨别。花3到5分钟的时间完成练习。

练习五：完整绘图

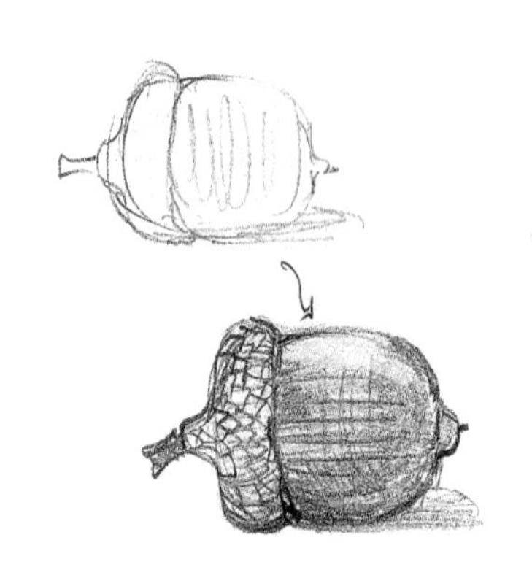

这种技巧会让画面变得更完整。无论画什么，贝壳、树叶、香蕉或者兔子，现在分别加上体积、阴影以及其他外部细节。通常，这些耗时较长的工作需要在室内参考着照片完成，或者在观察不大动弹的动物时完成，比如猫头鹰、动物园里的动物或者博物馆里陈列的东西。可以把日记中众多草图中的一幅作为基本参照，完成整幅作品。有时，本来你想画一幅动态速写，可却不得不以完整绘图告终，比如奶牛突然俯身卧下休息，或者母鸡潜行着越来越近。不过，更常见的情况是，当你刚画一半的时候，就只能眼睁睁地看着老鹰拍拍翅膀飞走了，或者猫轻盈地跳离了你的视野。于是，最终只有一张画了一半的素描。

捕获基本形状

开始画画以前，先仔细地观察目标，看看它由哪些几何图形组成？先用一两幅手眼同步画或修饰画把这些几何图形表现出来，这样有助于掌握目标事物的真正轮廓。在所画的轮廓上反复描摹，这样有助于辨识观察对象身上隐藏着的长方形、圆形或正方形。必要的话，可以画一条轴心线来辅助你练习透视画法。用线条把这些几何图形衔接起来，这样就可以得到物体的大致轮廓了。

请试着用你知道的一些物体中的几何图形知识画一幅动态素写。想一想哪些物体有圆柱体的形状，这样能加深你对“三维”或者“圆”的理解，比如贝壳。不仅如此，它还能帮你正确地画出阴影的投向。

最后，创作一幅完整绘图。用铅笔或水笔时，记得要用线条或圆点来凸显弧度、阴影和明亮的地方。

选作练习：依据记忆画画

优秀的艺术家、科学家或是观察家，都能最终做到熟练地凭记忆“叙述”。我们发现，很多顶级的野生艺术家们都是凭记忆画画的。比如，画蝴蝶的时候，蝴蝶可能飘飘悠悠地飞走了，于是，你只能借助记忆和野地图鉴完成余下的细节。

仔细观察在野外发现的东西，比如一只凌空翱翔的老鹰。记住它的主要特征，包括尾巴的形状、花纹图案、翅膀形状、肚皮颜色和大致的身体尺寸。回到家后，凭记忆为老鹰画一张素描。练习这种技巧的最好办法是：盯住目标不放，记住它的5个主要特征。当对象跳离你的视野时，继续根据记忆作画。

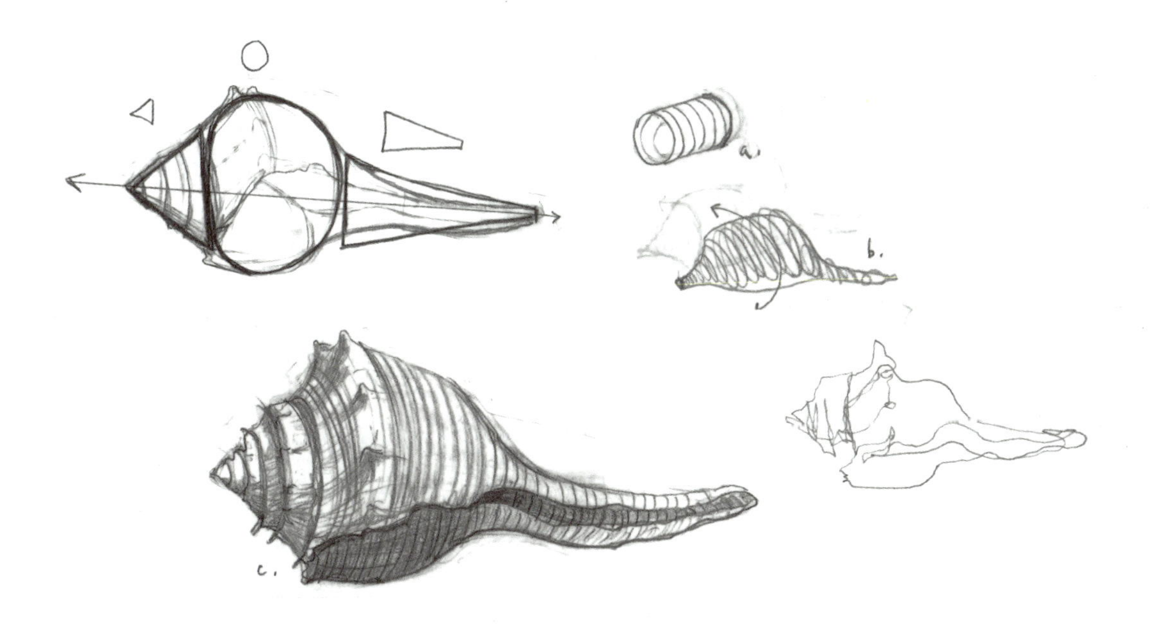

尝试用反手画

如果你愿意，不妨尝试着用反手画一张手眼轮廓画或者修饰轮廓画。现在，在桌子上放一张画纸，用这只手在距画纸一臂之遥的地方站着画。画的时候，注意一下作品的刚柔变化。其乐无穷呢！

按透视原理缩小自然景物

景物不一定总要面面俱“现”。尝试着从某个特别的角度或者用透视法来观摹景物，并从中体会物体形状变化的特点。将眼睛眯成一条缝，把视野拉平，或者用轮廓画法来观察这些“新”形状。

找个合适的角度

完成一件画作对技巧要求最高的，是找到最合适的角度。当你从正面或侧面看景物的时候，可以轻而易举地在纸上画出它们的基本形状。但是，当你从其他角度观察物体时，你会发现它的形状还真是千变万化呢。早些时候，我曾鼓励大家在观察景物时，要注意它们是由哪些几何图形构成的。现在，我要求大家从不同的角度练习画这些基本的几何图形，比如圆形、立方体、圆柱体等。一旦你将这些轮廓了然于胸，就可以在画自然景物的时候运用自如。修饰画和动态速写都要用到这种技巧。

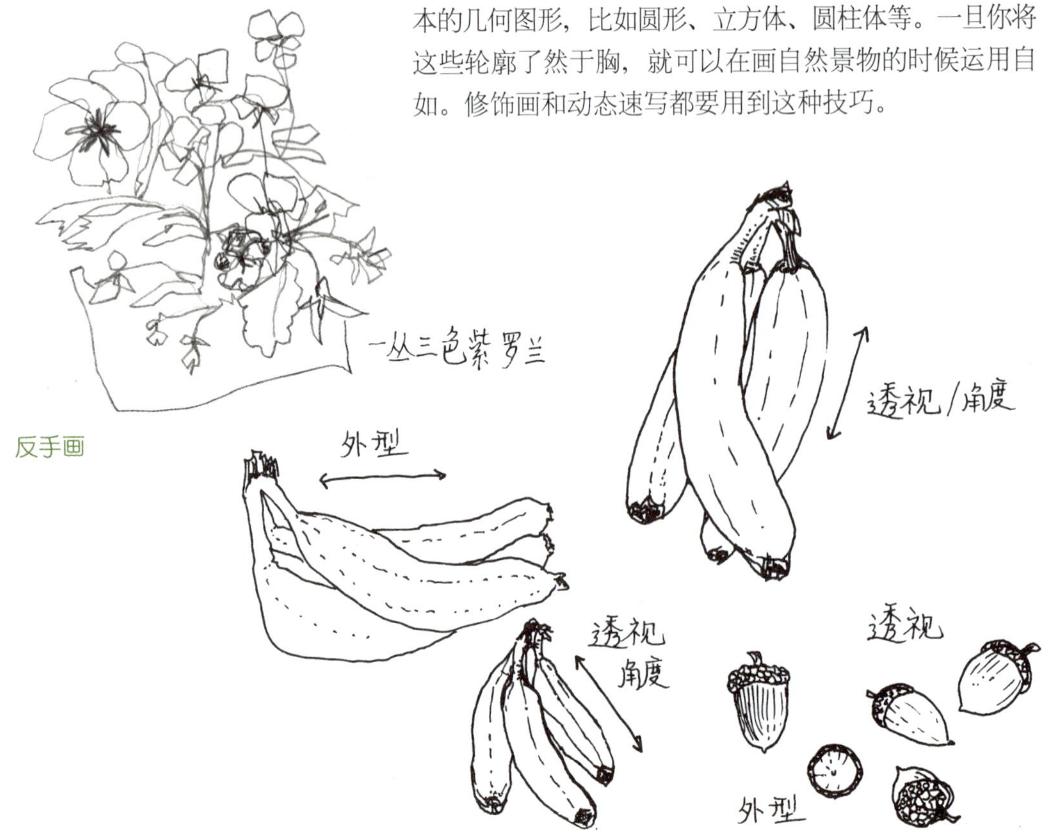

反手画

为了弄明白透视在绘画中的意义，你得在画画之前在脑子里估量好地平线的位置。不论我们看什么东西，地平线都是最基本的参照点。我们在观察其他事物的时候，总是以实际的或假想的地平线作参照物。当我们画两个大小相同、一前一后的物体时，放置得较远的那个景物会显得略小一些。平行线，比如公路沿线、铁轨等，在接近地平线的地方会越来越近，而且看起来仿佛要交汇到一处似的。

圆

侧视图　带角度的画

立方体：

侧视图　带角度的画

圆柱：

侧视图　带角度的画

透视画法的一些基本法则

- 在物体表面与画纸平面平行的情况下，要画它们的“实际”形状。
- 景物大小要与距离的远近成正比。
- 渐远的平行线要看起来仿佛要在某一个消失点处相交似的。
- 透视的物体表面的透视度，与画纸的角度成正比。
- 与画面平面平行的圆，要画成标准的圆形。
- 与画画平面成角度的圆，要画成椭圆。
- 景物的模糊度，与画者眼睛的距离成正比。

平行线与地平线

明暗与透视

阴影可以用墨水笔的线条表示，平行线、交叉线均可；或者，也可以用点来表示：密集的点表示昏暗的部分，稀疏的点表示明亮的部分。用铅笔来表现明暗的方法与上相同，只不过铅笔需要用手来加固磨擦，较暗的部分尤其要用强力加固，较浅的地方只需轻轻擦拭即可。

用线条表现图画的阴影时，必须首先选择或假设光源的方向。在整个绘画过程中，光源的方向要自始至终保持一致。第83页有更多的关于画植物叶子的练习。

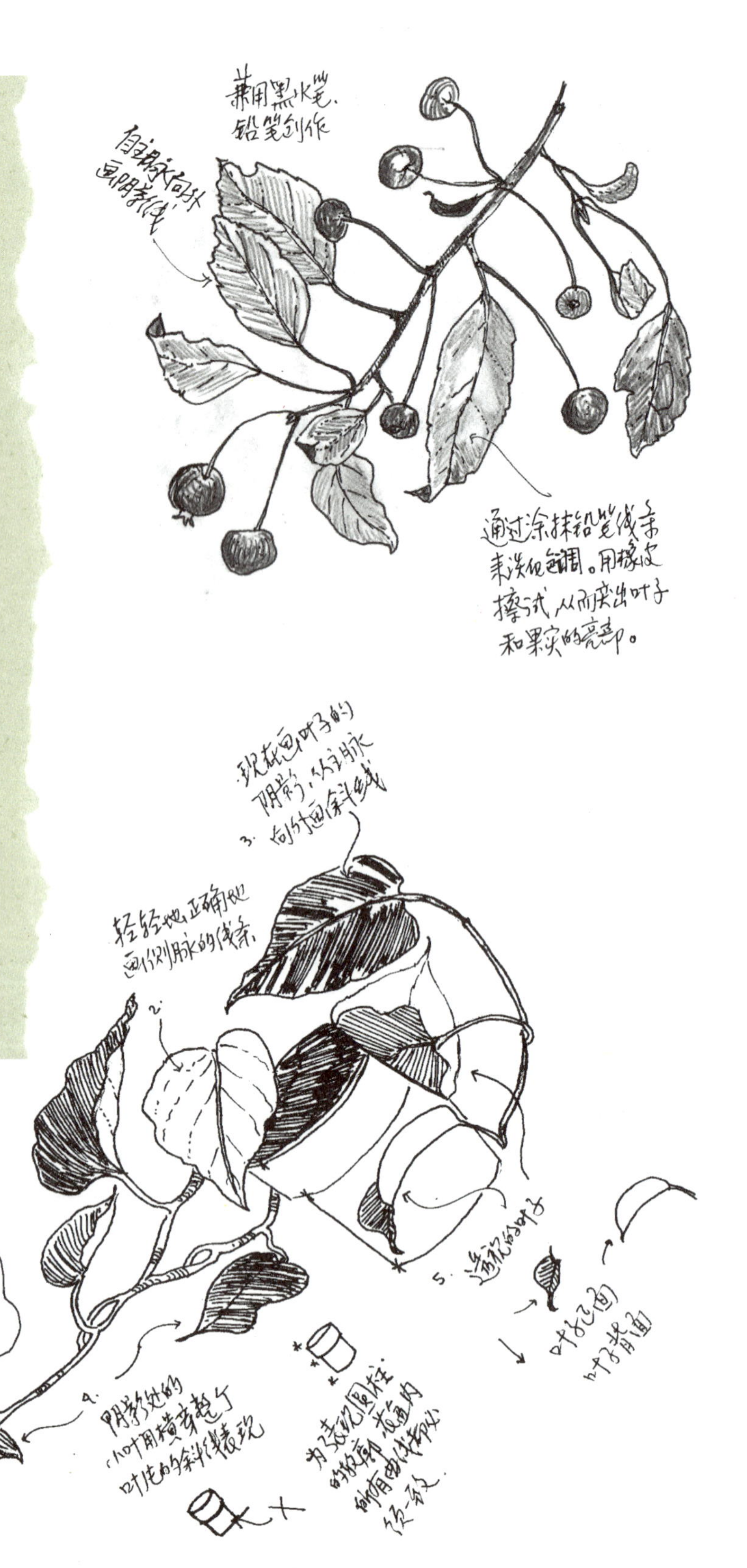

如何画花卉

画开花植物的时候，请按以下步骤和提问的顺序逐步进行：

1．观察花卉的基本形状。

2．观察花朵的构成。花朵的不同部分之间在哪里连接，花瓣、雄蕊、雌蕊、叶片还是花梗？着重观察哪些部分会重叠。

3．构图要尽量简洁。如果你画的是一朵很复杂的花，比如秋麒麟草、豚草或者紫菀，只要画出整朵花的一部分即可。请参照植物图鉴或园艺杂志上的插图来进一步掌握植物和花卉的画法。

4．把这种花的生长地点记录下来；观察这种花是木本植物、草本植物还是野草的花；它是野花还是人工培育的花。记录这种花的生长环境。

5．树木、小草和人工种植的草本植物都会开花，只不过不同植物的开花部位不一样而已。观察这朵花的开花位置在哪儿？

6．记录各种花在一年中不同的开放时间。在研究花朵开放的时间和地点的时候，你还能借机学习到很多关于天气、环境和土壤类型的知识。

关于落叶树、叶子、常青树和冬季落叶树的绘画技巧，请分别参考80页、83页、103页和104页。

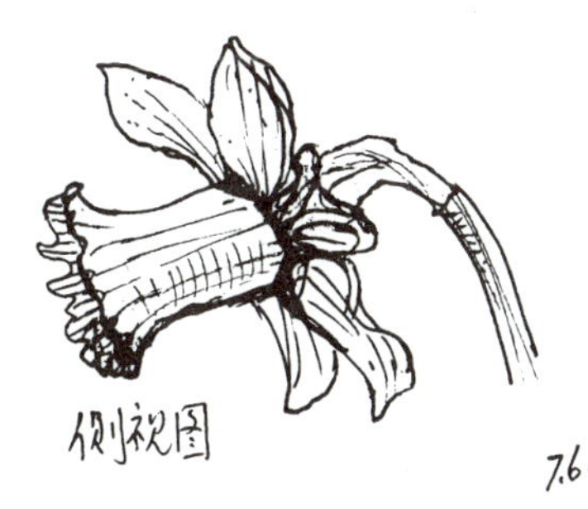

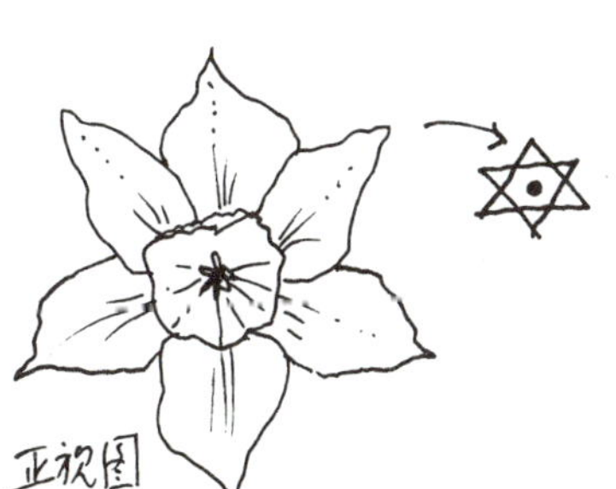

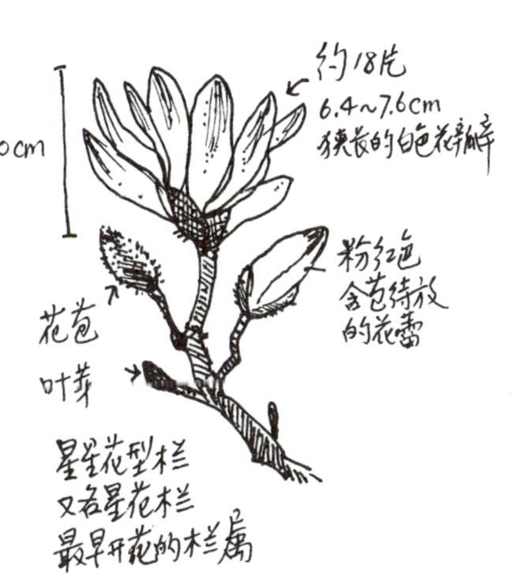

3月10日，剑桥市
邻居家2.5cm厚的雪地上，
橘色的番红花傲雪开放

怎样画风景画

在你的自然日记里，尽量不要画大幅的风景画。你要记录的只是某种特殊的环境——像森林、原野、海洋、海岸、山峦等。风景是你创作自然日记的大画卷、大背景。在规划风景画布局时，有几个要遵守的基本原则。只有遵守这些原则，你才能画出不错的透视感来。画纸是平的，所以必须画出层次感、距离感和空间感来。仔细观察下一页的风景画，看看线条和笔划变幻的角度。这些线条展开了一幅山峦叠嶂、岩石、水流、树木相映成趣的画卷。如果你想练习树木的画法，请参照本书第80、103、104页更多的练习内容。

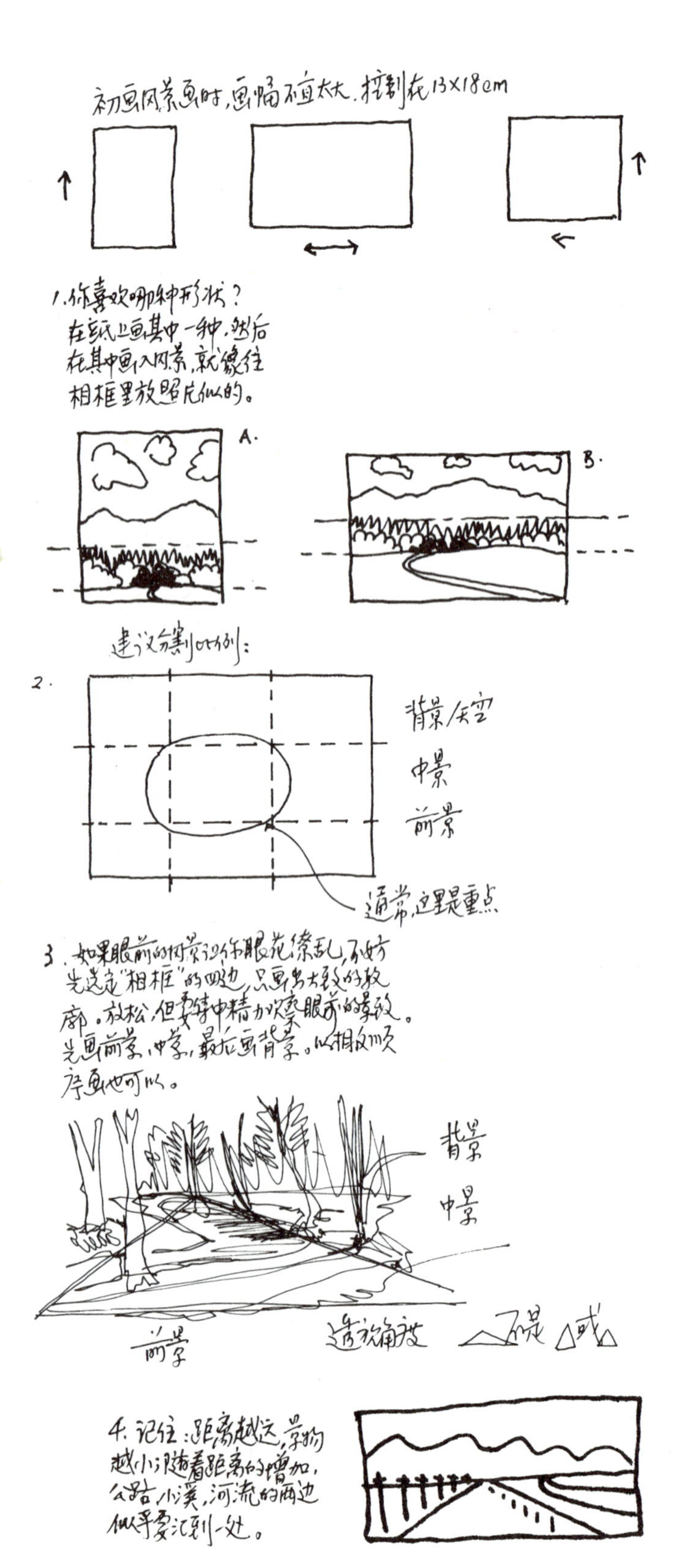

表示天空的线条要有不
同的角度，让人觉得
天空是变动的，而不是
平的。
SHRUBS
1. 植物可以用象
征性的符号表示
2. 水流必须画出"流动
的感觉
水平如镜
水波荡漾
奔流而下
3. 岩石的平面的
线条，要方向一致。
"失落的池塘"
新罕布什尔州
阿巴拉契山俱乐部
11月20日.

怎样画天气

天气与我们息息相关，所以有必要抽出时间来研究一下风、云、雨、雪、冰雹和风暴，并记录它们的状况。

云一天当中都在变化。自己制作一个图表。
翻阅图书馆里有关天气的书，学习更多的云相。

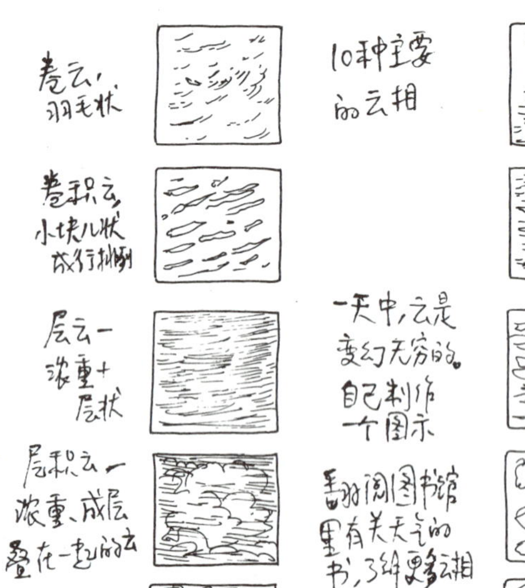

画这开阔的风景并配上天气状况与河床

怎样画两栖动物和爬行动物

初画两栖动物或爬行动物的时候，不妨多参考野地图鉴，这样容易些。如果你在户外看到青蛙或蛇，可以当场画一幅速写。回到家以后，再参照野地图鉴补充其他的细节。

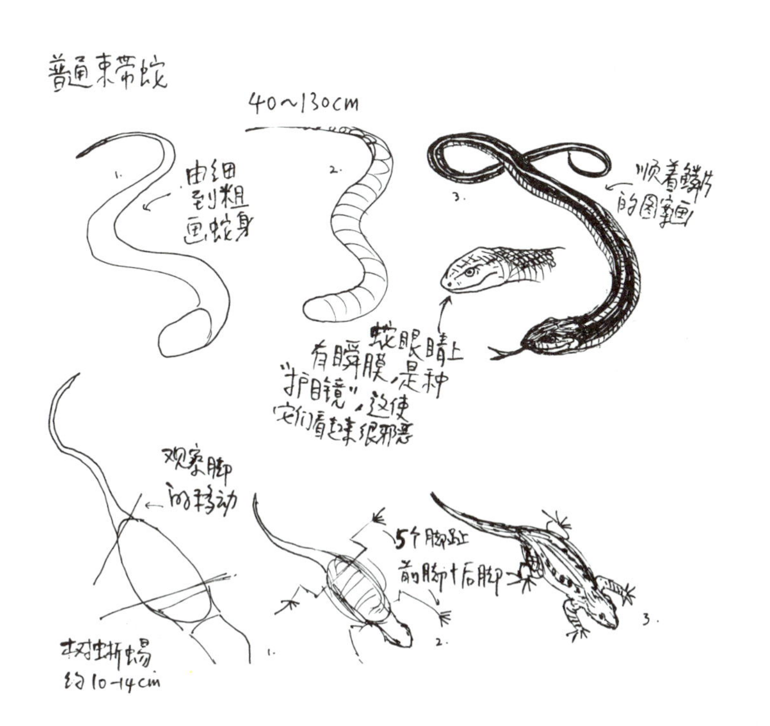

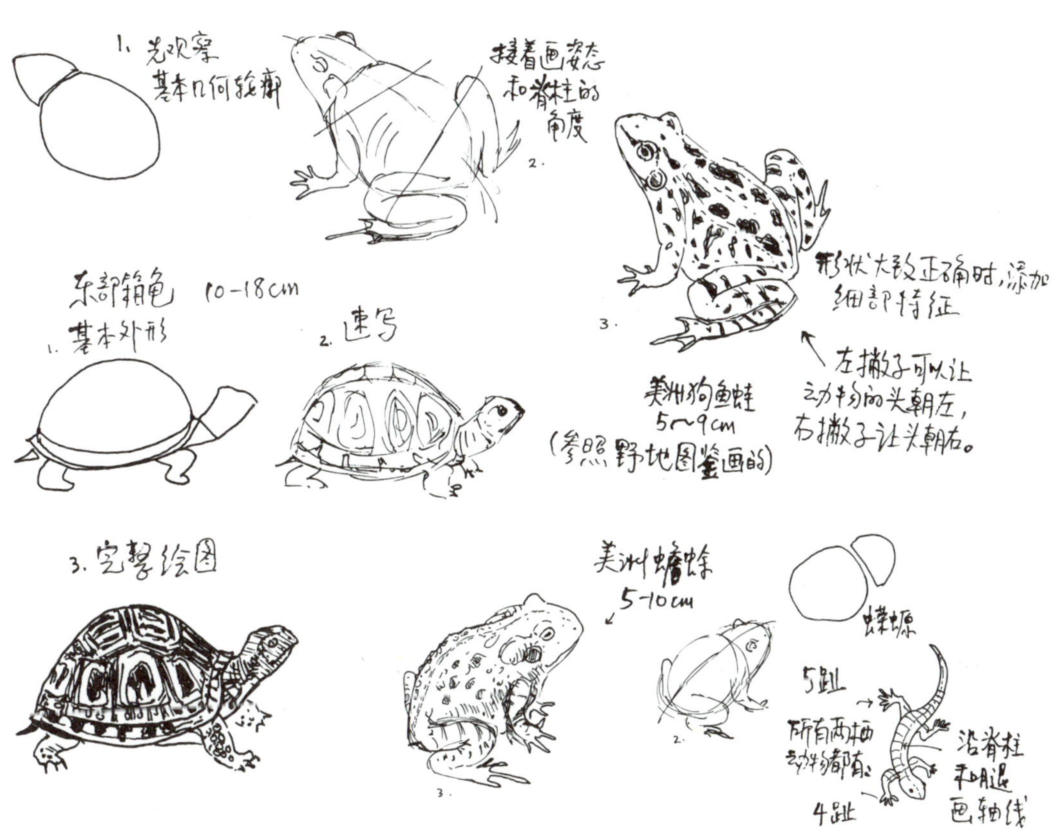

怎样画鸟

鸟时时刻刻陪伴着我们，它们是理想的观察对象。如果你事先学习过鸟类的基本构造或者研究过这种正在观察的鸟，应该能画得得心应手。顺便提一句，大部分的鸟类图鉴都是从最原始的（进化得最少的）鸟类开始介绍，然后按照进化程度依次排序，一直讲到最新（进化得最多的）的鸟。一般说来，图鉴里介绍的第一种鸟是潜鸟，接着是䴙䴘、管鼻鹱（也名臭鸥）、鹈鹕、鸭子类、鹅类、鹰类、威雀、鹭、鹤、水鸟类、海鸥类、鸽子类、猫头鹰类、鹦鹉类、啄木鸟类。最后讲的鸟类是一种小型的鸣禽。

在画鸟过程中，先从基本的蛋形轮廓画起，然后再加入其他的几何图案进一步构建起鸟类的基本骨架。鸟的羽毛往往成群状或带状分布，比如尾部羽毛、翅膀羽毛、背部羽毛和头部羽毛。在你画某种特殊的鸟时，请仔细地观察它的眼睛、喙、脚趾和其他独特的特征。

关于更多的画鸟技巧的建议，请参看第115页。

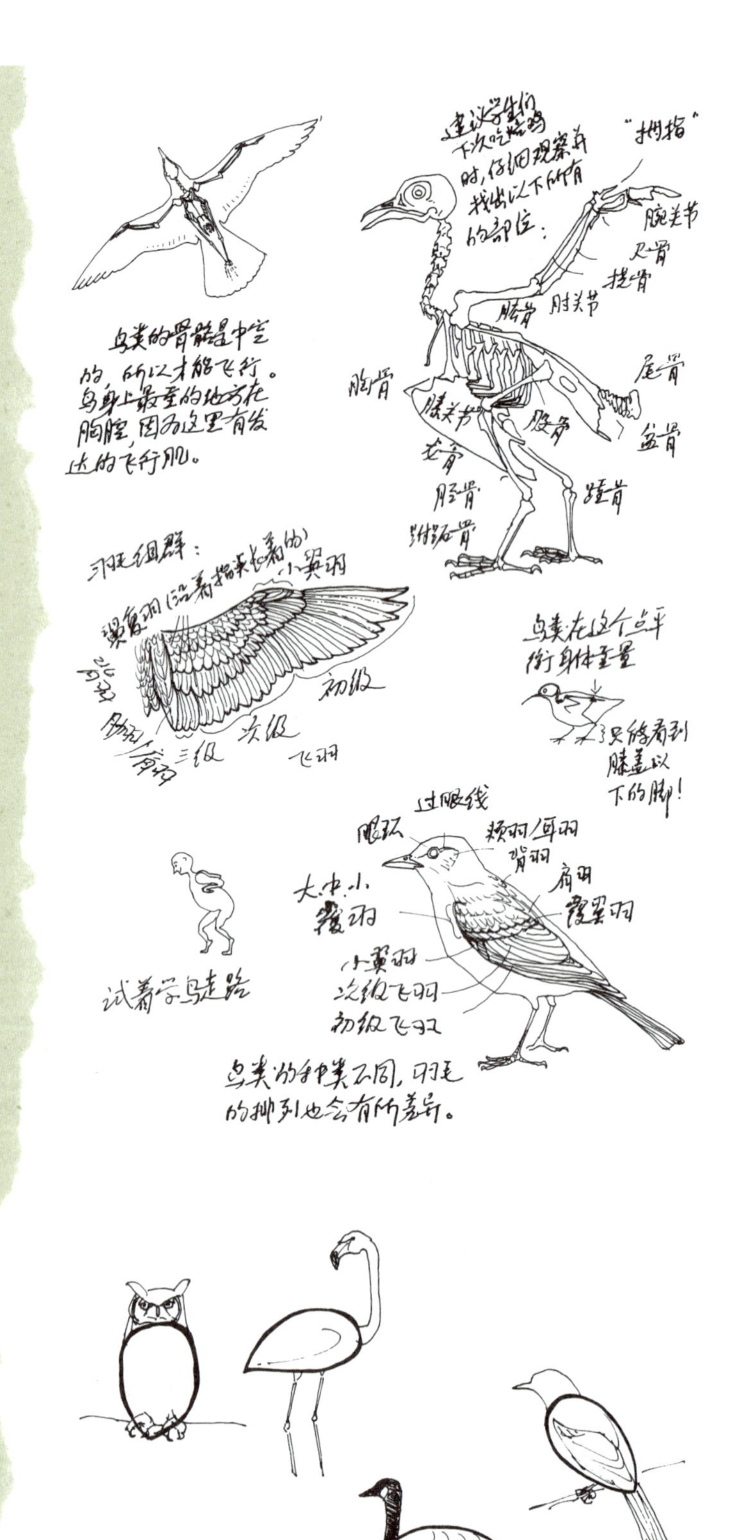

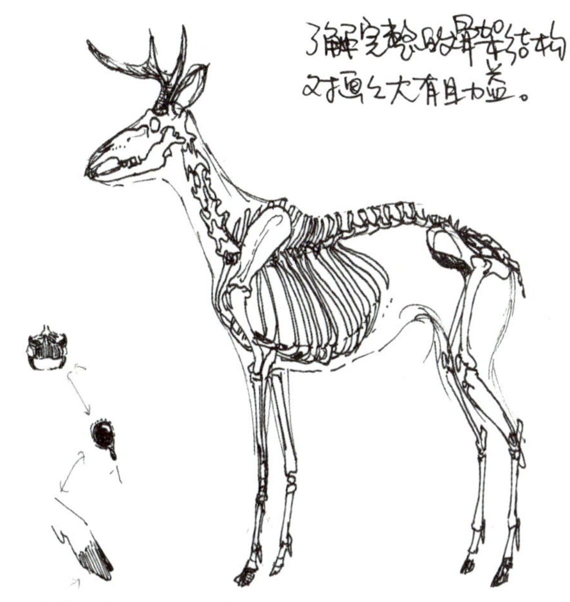

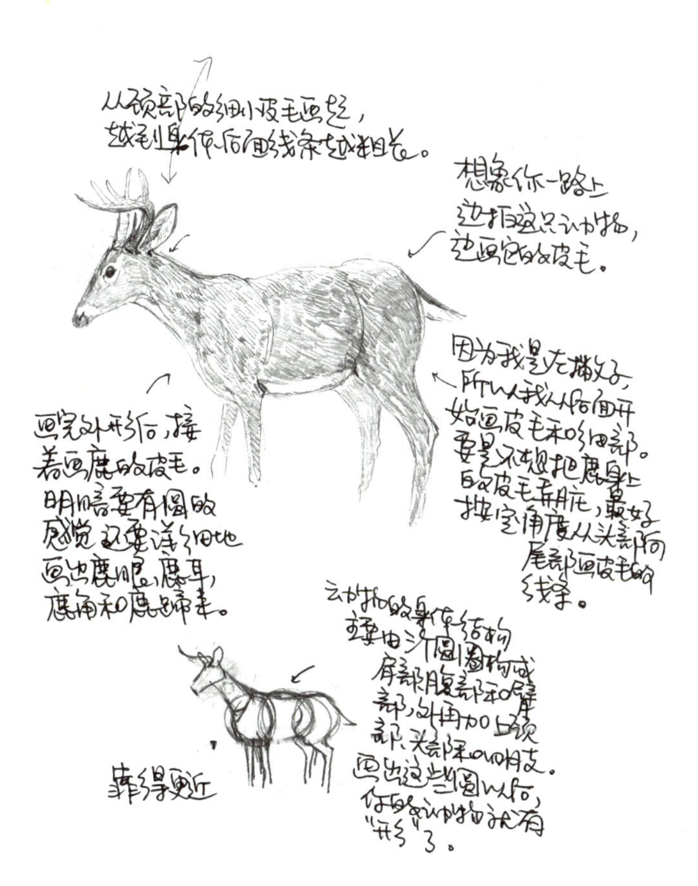

鹿的解剖图

画画时，如果你参考着野地图鉴上的图片或者插图画，一定会获益匪浅。只是，你也要记住某些因素，比如阴影的遮挡、摄像机的失真以及影像的质量，都可能影响观察的准确性并进而影响绘画的准确度。最好是先画出动物的侧面全身像，尽量少用阴影。这样，你就可以清晰地看清动物身上的各个部分，而不至于把阴影部分和彩色图案混在一起，或者把高高的杂草看成动物的某条腿。一旦掌握了动物身上的各个部分及其基本轮廓，你就可以用透视法画出它们移动或者躺在草地上的模样了。

如果你找不到宠物猫或宠物狗来画，不妨带着素描本到动物园、附近的农场甚至宠物店里去画。画这些活物的最大好处，是让你看清动物们“动态的模样”。自然科学历史博物馆里往往陈列着动物们生活环境的立体模型，另外还有栩栩如生的动物标本或模型。这些动物不仅姿态自然，而且不会乱动。所以，对磨练绘画技巧是再好不过的。

1988年10月16日
新英格兰/安提阿研究生院
新罕布夏州基恩市
11:05 约18°C
阴天，看样子马上要飞毛毛雨了。
在安蒂阿后面：
蟋蟀
车在湿漉漉的柏油路
上的声音
金翅雀鸣（？）
停在柳梢头
（父亲生命垂危，
正是要集中心神的
时候。）
正在画
轮廓

第十章

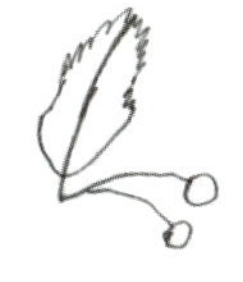

教授各个年龄段的人们写自然日记

在非学校教育背景下创作自然日记，是种美妙的活动，它同时迎合了大人和孩子的口味。自然日记的形式可谓丰富多彩，从举家野外郊游到户外探险，从田野调研到组成“家庭学校”，从成人旅社到青年团或者环境研究小组等。培养写自然日记的兴趣，必须激发对周围世界的兴趣。无论人们的年龄、种族、语言和文化背景怎样，每个人都可以通过自然日记找到与周围环境的关联和联系。假如你发现了什么东西，请停下来观察它、研究它，并学习与之相关的知识。就这样，一种关联在不知不觉中产生了。而且，当你用这种方式去接触别的东西时，也会有另一番感受。注意力激发使命感，使命感带动行动。我们两个总说：“如果想帮着保护仍然拥有的一切，我们首先得弄清保护的是什么。”

写自然日记，好比打开了一扇窗，即便短暂，却与自然融为一体。中国有句老话叫做“万物归一”，用在这里正合适。对观察者来说，看别人与自然融为一体是件美妙的事。日记作家可以趁机停下脚步，屏气凝神，放松脸上的肌肉和僵硬的臂膀。这一刻，只管把一切文给安宁和专注，哪怕只有5分钟呢。

这些时刻会让我们久久不忘，会让我们回归安静。我们欠自己一笔时间的债务，这时间本该用于沉思、反

那些先于我们在这片土地上繁衍生息的人们崇拜大地，并遵从大地的教化。他们根本不需要学校和教堂——对他们来说，世界只有一个，那就是大地。

——加利福尼亚，戈勒塔
种植有机作物的农夫
迈克尔·艾布曼
(Michael Ableman)

只是到户外走一走，就能帮助人们脱去世俗的外衣，并找到那个本然的、真正的自我。

——选自《大地的姐妹们》(*Sisters of the Earth*)
洛兰·安德森 著
(Lorraine Anderson)

省、理解、冷静和联系自然的。无论我们住在哪里，也不论我们快乐或者痛苦，自然总是静静地等着我们，等着我们去感受那蓝天的苍穹、窗外的绿树、翩翩的飞鸟以及飘散的雨丝。

发动人们写自然日记的具体活动

当你和他人组团写自然日记的时候，如果碰巧团里的人年龄参差不齐，这时最好控制一下在某幅画作、某段文字上花费的时间。大体上，5分钟画一幅画是所有人都能接受的。精雕细琢的工作可以留到晚些时候或者身边一个人都没有的时候做。日后，当你反思日记内容时，再去理会那些精巧的画作和华丽的文章吧。以下几种练习作业，可以用于集体活动。

人体相机

这是一项结合了观察和信任的活动。外出前，提前与另外一个人结成二人小组。到达景点后，让每人各自去漫步，5分钟后回来。让每个人都找一种可以激发自己的兴趣而且本人想作进一步观察的东西，比如一只趴在树皮上的昆虫、一株五颜六色的植物、一颗掉落的种子或者一片有趣的叶子。接着，让大家坐下来，给5分钟时间让他/她在日记里描述一下被选中的东西。

现在，让参与者们按原来的分组散开。让每组中的第二个人给第一个人蒙上眼睛，然后第二个人小心地牵着第一个人的手把他带到自己选的景物旁边。这时，第一个人或站立、或单膝着地或者随便什么姿势，只要一取下蒙眼物，他就能专注地观察到那个景物就行。

接着，第二个人让他取下蒙眼物或者睁开眼睛观察。第一个人要尽量记住所有看到的东西。两人不能谈论彼此看到了什么。一个人做完以后，两人互换角色。

当二人看完了对方挑选的特别景物后，让双方都把这个新的观察写进日记里。练习结束后，双方在户外或者教室里互换日记本，比较各自看到的和描绘的东西有什么异同。

结伴写自然日记有助于日后讨论和比较观察到的东西。

观察者的圈子

把大家带到一个景点，所有人手拉手围成一个大圈。然后，松开手，转过身，朝自己的正前方迈十步（越远越好）。接着，让大家坐下，花15分钟到20分钟的时间把刚才看到的、听到的、闻到的和感受到的东西记录下来。相邻的两个人不要窃窃私语。记录观察的形式不限，可以用文字、图画或者二者兼具。观察活动结束后，让大家聚到一块儿，分享彼此不同的观察体验。

作为团队的领队或老师，你应该帮助学生们提高表达能力，无论是写作、画画或者写画兼修。当你和一名学生一起欣赏他的日记时，不妨问一些能激发他思考的问题，这样有助于拓宽观察视野和细节范畴。要多支持和称赞他观察和描绘的东西。

与孩子们一起写日记

在一次公共演讲中，一位高中生物教师问著名的生物学家恩斯特·迈尔（Ernst Mayr）这样一个问题：作为一名教师，他能教会学生们哪些最重要的事。恩斯特·迈尔博士毫不犹豫地说："我们能教会学生们最重要的事，莫过于怎样好好地观察了。"这也是从事自然日记创作的初衷。作为成年人，带着孩子们在家里或社区写自然日记有助于他们理解和体验这个世界。为了保护我们的地球家园，我们需要了解的事情真是太多太多了。（"生态学"——Ecology一词，源自古希腊语"oikos"，意思是"家园"。所以，生态学就是研究家园。否则，除了家，我们还能住哪儿呢！）倘若我们教

请用我们教导孩子的话来教育您的孩子吧——

大地是我们的母亲。
倘若什么不幸降临大地，
就等于落在大地儿女的头上。
如果有人唾弃大地，
就等于唾弃自己。

我们已然知晓：
大地从不属于我们，相反
我们属于大地。
万事万物皆水乳般交融
相辅相成，
仿佛流淌的血液让家里人抱拥。

无论大地发生了什么不幸
不幸势必波及她的儿女。
我们编织不了生命的网，
我们不过网中一线。
无论我们怎样对待那生命之网，
后来一定自食其果。

——缘自西雅图酋长

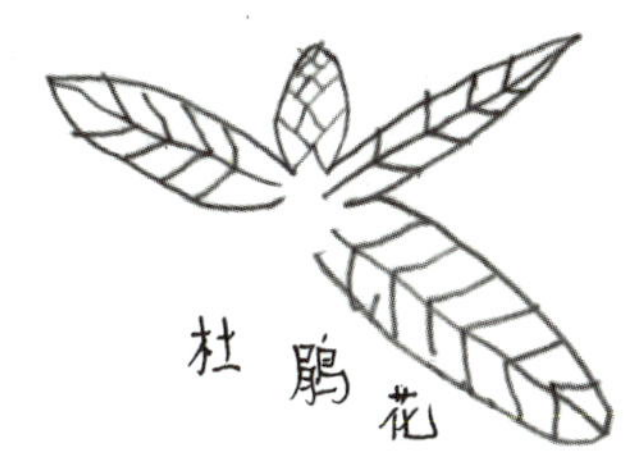

会了孩子们怎样欣赏自然，那可能就等于挽救了一片沼泽、一条河、一片海滩、一座城镇，甚至一个孩子。

自然日记还是隔代人沟通情感的桥梁。大人可以与孩子一起写日记。爷爷奶奶也可以与孙子孙女共同创作自然日记。与家人或者亲戚一同写自然日记、分享自然日记不仅其乐无穷，还能提高我们的观察技巧。当然了，这样也更有意思。我们可以借助自然日记的形式理解别人的观点、价值观和兴趣。此外，由于自然日记有结合多种学科的特点，所以对孩子们来说，这个过程还能让他们变得多才多艺。随着时间的推移，自然日记还能反映年轻的自然日记作家的学习和提高技巧的过程。

一起去探险

与孩子们一起探索大自然，往往如探险般新鲜有趣。一位专心致志、认真负责的家长、老师或者成年人能点燃学生们的热情。这天，我和一群四年级学生还有他们的老师一起去写自然日记。“夫人履”（又名拖鞋兰）看起来是那么地充满魔力——绝对是真的。我们不约而同地想靠近这丛花，并好好地描绘它的风华。至今，我依然搞不清苍鹭的卵。那个找到苍鹭蛋的孩子激动得手舞足蹈。我们一伙儿四五个人把它画了下来，以便日后仔细地研究。

我们站在那儿画了大概45分钟的光景。孩子们都是那样地一丝不苟，看来他们要准备画一整天了。那天我离开后，老师又带孩子们去看白天发现的那只猫头鹰是不是还在树上。在接下来的一年里，那位老师不时地教孩子们写自然日记，帮他们辨别发现的未知事物，并培养孩子们野外画画时的自信。

鼓励大家持续地写自然日记

世界上没有什么捷径能帮孩子养成主动写自然日记的习惯，但是，以下的几条建议或许对你有所启发：

- 以身作则。你是孩子的精神导师，所以，如果你能抽出时间写日记给他们看，孩子们大多也会效仿。
- 把自然日记作为辅助学习的手段。往往，你愈频繁地催促孩子们用日记记录和思考，孩子们就愈能体会持续写日记的重要性。
- 让孩子们认识到：自然日记是一种有价值的学习方式，它与悠久的自然、历史传统研究是密不可分的。除自然日记外，其他类型的日记也被广泛地应用到各种行业，比如：船长、飞行员、探险家把自己的行为活动详细地记录在日记里；艺术家常常带着一个详细的素描册子，以便不时地拿出来作参考；科学家把观察和试验写进日记里；作家不停地用日记抒发自己的感慨，并把见闻写进作品里。
- 鼓励孩子们在日记上留出一点私人空间，可以把这个角落命名为“我的内心深处”。在这个小小的角落里，他们可以放心地吐露自己灵魂深处的感受。“我的内心深处”永远都不要给某个领队看。这是个安静、安全的角落，只属于孩子自己。这个角落可以让孩子们进一步认识到：“自然是我的一部分，我也是自然的一部分。”

师生间用自然日记交流情感

动员大人们一起写日记

与孩子相比，动员大人写自然日记可不是件容易的事。通常，大人往往比较谨慎，而且对自己怀有不切实际的幻想。即使在一件完全陌生的事情上，他们也不希望显得懵懂无知或者笨手笨脚。

即使他们参加了你的讲习班，也不表示他们已经忘记了在学校或者艺术课上的某段不愉快的回忆。作为老师，你应该花费一些时间为建立和谐的团队而努力。你要让他们意识到，你不是有意地为难或者批评他们，而是要让他们看到自己写自然日记时的热情和快乐，最好

与团队一起写日记，有助于树立对个人风格的信心。

把自己最粗糙和最精细的作品同时拿给他们看。起初，你要鼓励和认可他们的努力，而且要不断地肯定他们的工作。

软化心理障碍

尽量把团队带到大家都喜欢的几个地点。让大家聚到一块儿，短暂地停留15到20分钟，让他们在日记本上写点什么或者画点什么。时间一到，让每个人都简单描述一下自己刚才注意到了什么。这时先不要直接透露日记内容。大家都讲完以后，再提醒他们：即使在同一个地方，大家的着眼点也是多种多样的。

问问大家有多少人把刚才观察到的东西画了下来；有多少人把观察到的东西用文字写了出来；又有多少人既画了画，又加入了文字描述。问问他们，有没有人用不同的方法来记录观察。告诉大家：他们的方式都是合理的，只不过由于各自关注的事物不一样，所以他们记录自己感受的方式也不同。

软化心理障碍的关键在于：让人们对自己的个性风格和现有技巧感到放心。如果在开始的几个阶段里反复地做这种练习，你会发现整个团体会渐渐地放松，然后越来越多的人开始静下心来，并愉快自如地写起自然日记。

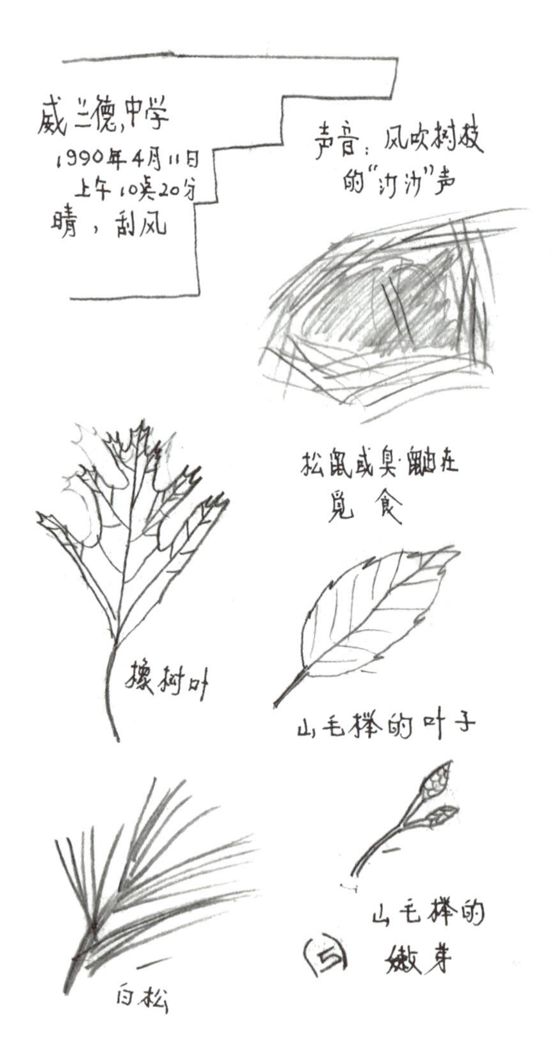

建立私人研究园地

让学生们各自选一个自己希望仔细地观察几天、几周甚至几个月的地方。这样不仅能加强学生们对某个地方的归属感，还能提升他们对细微变化的感受力。让每个人各自选好一个5英尺 × 7英尺、15英尺 × 20英尺、25英尺 × 30英尺的地方进行观察。让他们有规律地——每天清晨、黄昏、日暮或者其他规律的时间——描绘和书写自己的观察心得。让学生们随时注意天气变化、树木种类、动物迹象以及这块土地上特有的人类活动。让每名学生到不同地点画画或者写作，比如东、南、西、北；还可以让他们用不同的姿势作记录，比如躺着、坐着、站着、像动物似的爬行或者像猎物似的为了躲避食肉动物的袭击而四处逃窜。让每个学生画上一幅这个地方的地图。

今年威廉姆斯镇的一月与前两年的冬季略有不同，我想这肯定不是天气上的差别，或许是因为我看它们的眼光变了吧……我夹着日记本在大学校园里一边漫步，一边密切地注视着那枝丫的形状、松树的刺芒以及雪地上那一串串的脚印。于是，我开始明白了，其实冬日里也有生命在发光，只是我们得换一种眼光去观察才行。

——蒂姆·斯托德

威廉姆斯学院三年级学生

融合团体与个人

在每堂课开始时，先安排一些时间让每个人与其他人分享自己的观察心得，不要强行指令。开始时，可能同学们只能分享老师或领队的作品。但是，日积月累，一定会有越来越多的成员愿意分享他们的观察心得，大家也能学到更多的东西，欣赏到更多的画作。不过，我们要考虑到团队中有些人可能比较腼腆、内向，他们只想把日记当作自己的私密物。对此，我们要百分之百的尊重！

要让大家觉得你只是名义上的“领队”，你们之间唯一的区别是你比他们写日记的时间长。实际上，每个团队都只是个学习的群体，成员之间要彼此学习，取长补短。有些人可能擅于目视，有些人可能有听觉上的天赋。有些人可能精于捕获细微处的神奇，而有些人则易于发现那些“细部设计员”们容易忽略的大场面。团队里的每个人在从别人那里取到“真经”后，都将以自己的方式成长。

小奇迹是这样发生的

马萨诸塞州多佛市的卡瑞尔小学有个露天教室。四个年级的学生一年到头儿频繁而短暂地去那里进行研究。8年来，克莱尔一直与当地的学生和老师们一起学习和工作。她叫他们去发掘在这片介于消防站和繁华街道间的林地上，有什么新鲜事儿发生。在她的帮助下，他们都变得更加敏锐了。

学生们画过常见的植物树木、菌类，甚至偶尔也画一画难得一见的蝾螈。在画画的过程中，孩子们对这林子里的声音变得十分敏感。当老师发出“嘘——”的一声时，他们立刻就安静下来。原来，就在老师身边的那丛忍冬上，一只长着深色羽毛、身形娇小的鸟儿正安详地停在那里。它轻弹着尾羽，稳稳地抓住忍冬的嫩枝，好奇地朝我们盯望。

克莱尔怕它飞走了，于是轻声说了声：“画！”于是，24名孩子望着这个小小的野生生命，一声不响地画了起来。“它为什么会在这儿？它要去哪儿？为了识别这种鸟儿，要画出哪几处关键的特征来？”克莱尔悄悄地问孩子们。他们与这只鸟足足对视了10分钟，实际上，他们是在与这片未被驯服的自然进行心灵沟通。

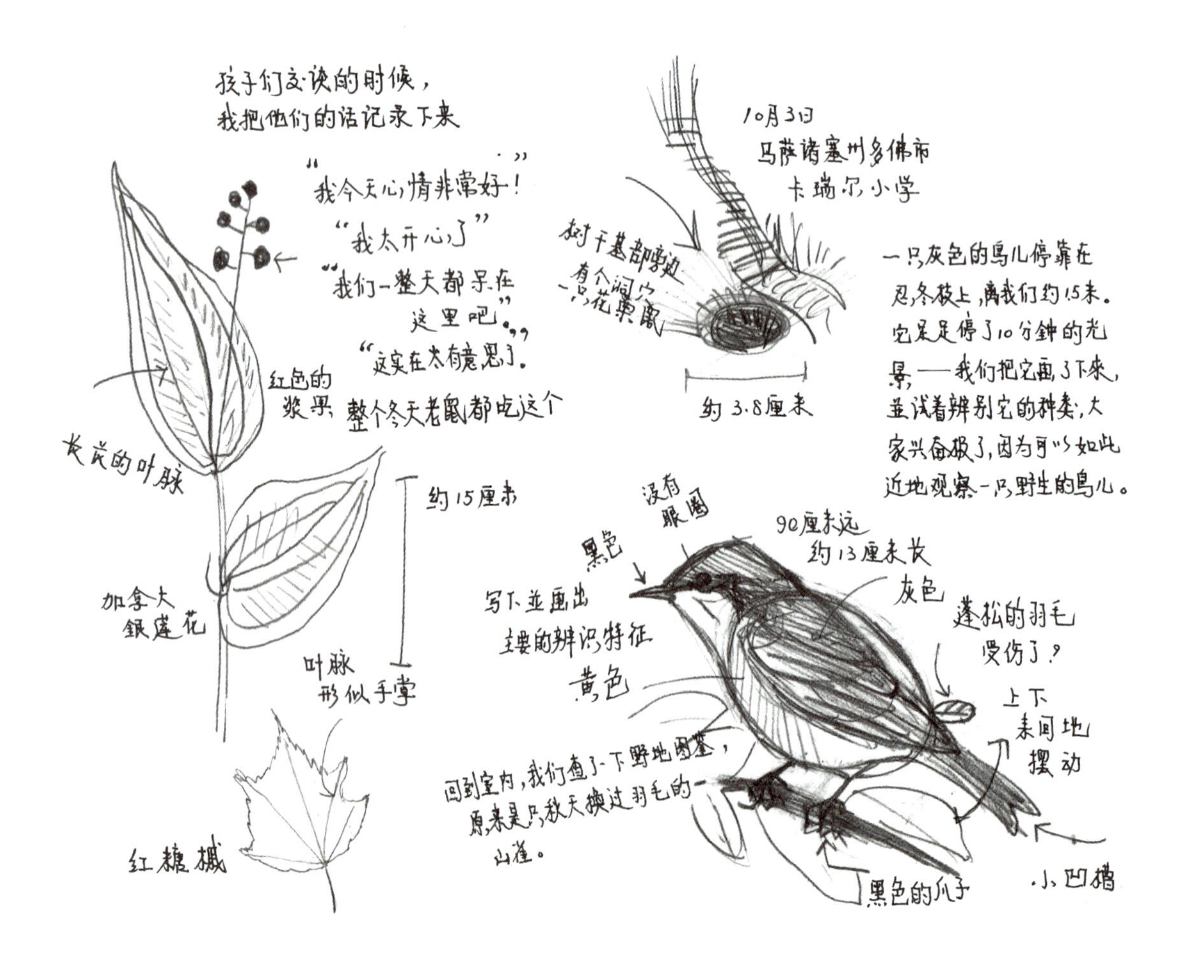

第十一章

与学校团体一起写自然日记

倘若你想打破狭隘、孤立的世界观，自然日记是个有力的工具。它结合了科学、乡土社会自然历史、数学、语言、艺术以及物理等学科，是一种综合性的实践行为。一般来说，写自然日记按照这样的顺序进行：起初只记录简单的事物、事件；随着水平的提高，再逐渐把研究对象放到与之相关的、强调主体与个体关联的事物事件背景下研究。训练有素的自然观察家会着眼于完整的体系，并联系对生活的意义。自然日记就像一次私人旅行，能不断提升人们的空间感受力和全面认识生活的能力。

我们曾看过成百上千的学生们手拿着铅笔，一副干劲儿十足的样子。他们怀着或大或小的好奇心，不久便兴致勃勃地观察起一只小松鼠、一片树叶子或者某只蜘蛛来。就这样，他们和大自然融为一体了。学生们都不敢相信自己竟画出那么好的画来。没有一个孩子不爱大自然，只不过，他们需要有人教他们融入自然的方法。

在这个世纪之交，学校掀起了新一轮的改革浪潮。教育工作者们希望确保他们传授的知识是学生们需要的，是可以引导学生们度过一个有价值的人生的。我们推崇已久的工业化进程，也就是被称作“工厂模式化教育”的体制已经让很多人感到失望。在新世纪，我们的我们必须在自然万象中寻找标准……我们必须怀着智者般的谦诚去赞美她的率皆有法、神秘超然。我们得承认她的“法”和“道”里面有我们远远不能参悟、不能领会的东西。

——摘自《活在真实里》
(*Living in Truth*)
卫克拉·哈维尔 著
(Vaclav Havel)
1989年伦敦的Faber & Faber
出版公司出版

星球已显得越来越有限，但一些新的改革仍以培养大批的生产效率高的工人为目标，好一些的教育改革以培养健康的、全面发展的、能够承担创建可持续发展的经济和社会的重任的学生为目标。自然日记让学生们变得善于观察和思考周围的世界，也就相当于在原始的仓库里建立了一个永恒的自学舞台。

右页的“课程网格”反映了一些技巧、课题以及与自然日记有关的传统规则，有助于我们理解它们之间的关联。它体现了马萨诸塞州巴恩斯特布市的苏珊·斯坦兹老师对自然日记过程的理解。你也可以建立一个自己的课程网。

当克莱尔给学生们展示某种技巧的时候，学生们兴高采烈地围在她周围。

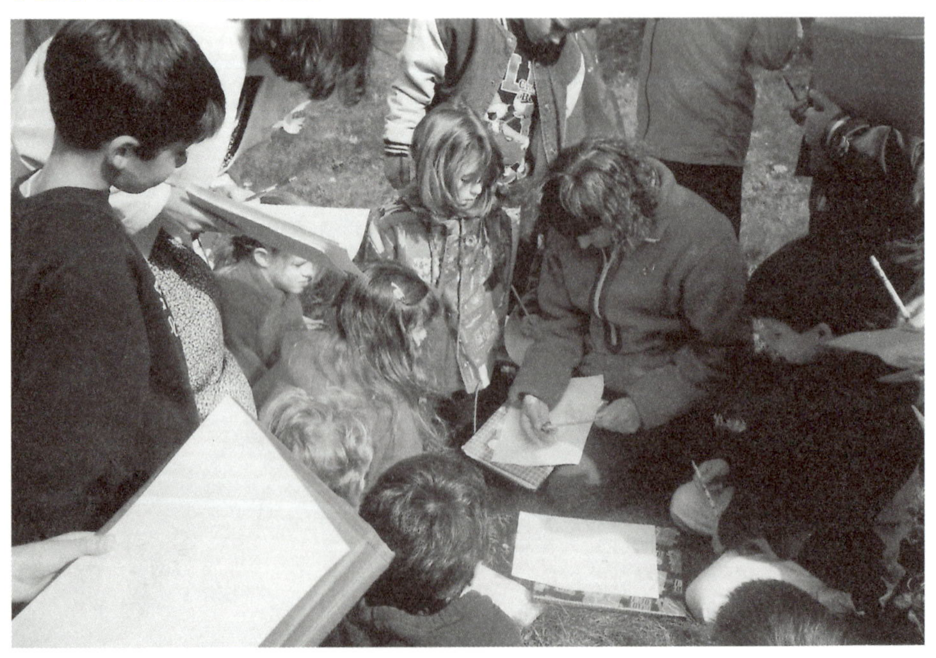

自然日记的课程网

自然日记
地球科学
植物
昆虫
鸟
其他动物
乔木与灌木
栖息地与季节
天气
观察
辨识
测量
比较
列表
社会研究
乡土历史
自然界与人类社会
回顾历史上的环境状态
地图制作
体育
散步与探索
户外运动
远足
语言艺术
写作：诗歌、散文、小说、非小说
口头表达：描述、解决问题、沟通交流
倾听：团队交流、团队分享、口头学习
数学
测量
制图
图表（坐标图）
制作地图
计算
艺术
手眼协调技巧
自信和社交技巧
学习帮助别人创作
观察作画与想象作画
不同的艺术表现形式
地图制作
6月14日
马萨诸塞州的阿灵顿市
上午十一点零二分
阴雨，昏暗
19摄氏度
椋鸟
杜鹃
女贞叶子
花
大黄蜂

学习的迹象

千万不要忽视自然观察家们那些简单的、轻描淡写的叙述。往往，这些随性的认识、大呼小叫和激赏之情也能提供确凿的证据或者反映学习的进度。比起那些正式的测验和其他衡量手段来，它们一点也不逊色。所以，请格外留心诸如以下的欣赏性的语言：

“帅呆了！”

“我们摸到门道了 。”

“我从来都没注意过原来外面的世界这么精彩。”

“我们在这儿呆一整天吧。”

老师/领队的角色

老师或领队有责任营造学习的气氛，从而激起大家在日记本上写字或画画的欲望。渐渐地，试着让同学们思考自己记录的东西与周围的世界有什么联系，启发同学们从更广阔的背景去记录观察。最后，督促学生们写下心得，并探讨这些观察对他们生活的意义。

学生们写自然日记的时候，最好你和他们一起写，这很重要。你可以向学生表明，笔记自然不只是针对他们的活动，而且是一项关系所有人的重要活动。你还能趁机帮学生们认识到“活到老，学到老”的人生道理——当你和别人分享在课堂上学到的东西时，这点就更明显。

在教室里传授写自然日记的方法并评估每名学生的进步情况，建议你不要一次性地对各个方面都进行评判。每次可以选择一、两个方面评估即可，可以按下面的方法操作：

- 在通读整篇日记的过程中，记录观察到的变化。
- 和写日记的人一起分析评判标准，从而向学生暗示他的进步程度。评判标准包括前面提到的技巧细节和行为细节。（参看219页关于评估自然日记行为的建议。）
- 实际的评估工作既可以由日记作家本人依照既有的标准评估，也可以在获得许可后，由你评估，或者请另外一名日记作家评估。反过来，这位评估别人作品的日记作家也要把自己的作品与他人分享。

日记作家参与对自己的日记技巧的评估，会令他受益匪浅。当他发现自己真的进步了，那种满足感是不言而喻的。这种满足感不受年龄的限制，会激励所有人继续努力。

开启认知之窗

参考别人的日记让你体会到别人看世界的视角、别人与世界的互动关系以及别人回应这个世界的态度：挑战或者接受。鼓励学生们观察的最好方法不是吹毛求疵的评论，而是耐心细致的询问。正在学写自然日记的学生需要自信和别人的信任才能诚实地记录他们的观察、想法、问题和见地。日记不是别人的观察和思考的副本，相反，它是每个独一无二的人直接对自然、社会和内在环境做出的反应。实质上，笔记自然是一项手脑并用的活动，不需要你来指手划脚。

凝望天空的眼睛

杰克·波登(Jack Borden)主持的“为了辽阔的天空”（For Spacious Skies）计划，是自然日记作为学校课程的一部分的好榜样。作家伊丽莎白·列维坦·斯派德（Elizabath Levitan Spaid）曾这样描述过这个计划：

“春季的一个乌云密布的日子，伊莱恩·弥赛亚与马萨诸塞州尼德汉姆市米歇尔小学的五年级学生们一起搬着椅子，带着笔记本、墨水笔蜂拥而出。在翠绿的草坪上，他们三三两两地把椅子放到不同的地方，仿佛草原上遍地开着的野花。很快地，他们不再吵闹，开始‘例行公事’：他们一边观察天空的样子，一边在自己的‘天空日记’里写下观察到的现象。

“在整整15分钟到20分钟的时间里，全场鸦雀无声。他们回到教室后才开始分享彼此的诗歌和散文。

“‘白云好像床上的雪白的床单，’”梅丽莎·沃尔佩这样说，‘白云上面有灰色的阴影，阴影消失的时候，就好像床单刚刚被洗干净了。’

“‘天空好像灰色的竞技场一样，一动不动，毫无生机。’一个男孩这样写。

“对这些孩子而言，抬头看天就是他们上课的内容，是课堂必不可少的一部分。无论是为了科学研究所制作的图表，还是为了在文学创作中找到描写天空的句子，或者为了找到凡高或者莫奈的一些图画中的天空景色的背景，天空几乎被编入到每节课、每项活动里了。

“这种特殊的写作练习能真正地给学生们提供独立思考、沉思默想的时间。”梅西阿斯夫人这么说。她把观察天空纳入自己的教程已有10余载。”

1985年和1986年两年里，哈佛大学教育研究生院的研究员们曾对尼德汉姆地区参加过“为了辽阔的天空”计划的小学生和未参加过这个计划的小学生进行了测验。最后的结论显示：参加了这个项目的孩子要比未参加过的孩子的音乐欣赏能力高37%，文学技巧高13%，目视技巧高5%。如果你想了解更多信息，请与“为了辽阔的天空”计划的创始人杰克·波登联系，地址是马萨诸塞，莱克星顿，Webb大街54号，邮编02173。

自然日记是跨学科的、实用的课程

自然日记是跨学科的、实用的课程

如今，教育的改革方向是：跨学科学习、手脑并重、批判与创造相结合、团体活动与个人活动相结合。自然日记恰恰满足了这些改革目标的需要。笔记自然活动既可以在室内进行，也可以在户外进行，因此它既可以作为正式课程，也可以作为家庭作业。自然日记还是个数据库，供学生们进行创造性的写作、艺术研究和科学探索。持续地写自然日记还能培养各种各样的技巧，包括观察技巧、评论和创造性推理的技巧、交流技巧和绘画技巧。

除此以外，自然日记还是学员们提高多种技巧的“活记录”，它能持续地记录学员们的进步状况。长时间地对不同日记篇章的比较，可以反映出学员们的进步情况。同时，学员们还能觉察到自己身上发生的变化，并亲身感受学到了什么。更可贵的是，第一手的自然日记观察及经验还能培养优秀的个人品质，比如关爱他人、富于同情心、认真负责等。

红藤实，约0.5cM
全缘叶.

在过程中加以提示

对年轻的、刚刚加入写自然日记行列的初学者们来说，别人的提示有助于他们专心致志地观察。别人的建议可以指导他们的日记活动，并引导他们全面地提高各种日记能力——包括敏感度、理解能力、注意力和活动能力。这些提示最好以“开放式问题”的形式出现——问题要足够具体，这样才能让学生们把精力集中到观察和思考上；同时，也不要具体过头，以免过度地束缚学生们的手脚，使得他们无法立即做出反应。

可以根据每天的活动内容把提示写在一张单独的纸上；或者，制作一个微型活页日记本，然后把建议写在每篇日记的上方。（详见72-73页的一些具体例子。）

用来鼓励学习和思考的课题

一定要让学生定期地回顾写过的日记，并思考观察心得。让他们想想可能忽略了哪些东西。鼓励学生们反复地造访某个特别的地方，要选在不同的日子、不同的时间，这样就更能觉察出这个地方到底发生了什么变化以及自己先前忽略了哪些东西。

如果把自然日记作为一种团体活动或者俱乐部活动，那它可能只是另一种形式的紧张工作。在你的指导下，学生们可以把写自然日记当成一种乐趣，用它来表现自我、发明创作和探索发现。你可以指导学生们怎样好好地利用自然日记，但首先要教他们怎样养成写日记的习惯。

可以翻查日记内容的随堂测验

当你在某个景点观察队员们写日记时，事先准备一些问题，然后在本周或评分阶段后期来个随堂测验。考试时间的间隔要足够久，最好等到队员们上次活动的记忆消褪后进行。告诉学员们：他们可以在日记中寻找考试的答案。这样的测验会帮助队员们认识到：自然日记可以巩固和加强记忆。

写作课题

给学员们设计一个富有创

一页纸的反思

每隔一到两周给学生每人发一张纸，让他们评述一下自己在日记里记录的内容，并总结他们认为观察到、学习到的最重要的东西。他们可以用散文、诗歌或者精致的图画来总结。

反思页

回顾写过的自然日记，思考以下问题，并用文字或绘画的形式表达自己的想法。

在过去的一段时间里，观察到的最有趣儿的且写进自然日记里的事情有哪些？

写过的这些自然日记里面，哪些想法最有创意？

在以后写日记的过程中，要提高哪些技巧？

在我的观察和评述里，我最想与他人分享哪些？

来自______的自然日记

日期：______ 时间：______
地点：______
温度：______ 湿度：______
气压：______
云量覆盖率的百分比：______

本堂课任务：四下寻找一些处于变化中的东西。描述这件景物或事件，并注明它的变化过程。

我认为，在人的一生中，他/她总该有一次集中思绪去回忆那些过往的地方；总该有一次把自己毫无保留地交付给某个曾到过的地方，多角度地观察它、凝思它、为它惊叹。他应想象自己用指尖触摸每个季节，用耳朵倾听土地的声音。他应去揣摩生物们的行踪，应该用心灵去感知风的舞蹈。他应去拾取日间太阳的光辉，也要采摘那黎明、黄昏的绚烂。

——摘自《通往雨山的路》
(The Way to Rainy Mountain)
N·斯科特·莫马戴 著
(N.Scott,Momaday)

意的写作挑战。这个挑战要与你曾为他们制定过的自然日记活动有关。他们可以写篇散文、小故事、俳句诗（由五、七、五共十七字组成的短诗）或者其他类型的诗歌。鼓励他们在写过的日记里寻找素材，并作为这次挑战的灵感源泉。要求学员们在文章的末尾注明引用的是日记里的哪些内容，同时，还要让他们指出哪些是现在需要而当时未作记录的内容。

你可以大胆地挑战学生们的创意。让他们在日记中留出一个角落专门用于创作自己的诗歌，倾诉在观察时的亲身感触，或者专门用于抄录自己喜欢的自然作家们的话。

青少年和年轻人特别喜欢从他人的文章中寻找答案，比如莱内·马利亚·里尔克①、亨利·大卫·梭罗②、雷切尔·卡森、罗伯特·弗罗斯特③或者俳句诗人们，比如日本诗人松尾芭蕉④。伊丽莎白·罗伯茨（Elizabeth Roberts）和伊莱亚斯·艾米顿(Elias Amidon)共同编写的《世界各地的地球祈祷》（*Earth Prayers from around the World*）收集了很多优秀作家的作品，同学们可以拿来作参考。

接着，要求学生们在日记中完成以下一种或若干种写作任务：

- 写一首关于秋天的诗，要写出秋天的颜色、味道、声响和感受。
- 描写最近一次在户外的小小的经历——比如踢足球、骑车越野、观察月亮或者坐在水边欣赏倒映在水中的秋色等。
- 用诗歌或散文来赞美你身边一朵盛开的花。
- 摘录自己喜欢的诗歌或散文誊抄在日记里，要求能够表现季节的变化或者你的个人感受。

一年到头都可以写自然日记——所以要根据天气状况穿合适的衣服。

艺术课题

让学员们根据自己在日记里的观察和注释，创作一幅精细的画作。要求在创作时标出哪些细节是他们希望在日记中记录，而在实际观察中却忽略掉了。

科学课题

让学生们以在日记中的观察心得和提出的问题为基础，创立一个科学研究项目。在这个过程中，学生们须注明他们希望探讨的问题、采取的观察策略、计划执行的研究步骤，以及在执行研究的过程中需要在日记里记录的数据。

除非你对大地的痛苦感同身受，否则你无法抚平她的创伤。你也无法带给大地快乐，除非你能快乐着她的快乐。

——乔安娜·玛西
(Joanna Macy)
1990年，在“全球全生物研习委员会”上

历史课题

让学员们选一个特殊的地方——比如学校场地、空地、农场、住房开发区或者工业园——接着，研究这个地方以前是怎样一种面貌。原来那里有些什么？人们在那里做什么？有什么生物生活在那里？如果有学生发现了这片地方存在的问题，让他们找出问题的成因。哪些人是关键人物？什么社会问题导致了人们做出了这样的决定？这样的决定又怎样导致了这些问题？

检查周围有没有这些东西，比如石墙、冰河石或者苍天大树。核实一下这些东西是否曾在财产交易中被提到过？这些石墙和冰河石是怎样被移到这里来的？是否能在这片场地上看到古老建筑的地基？场地上有没有紫丁香花、苹果树或者铃兰等植物?这些植物能否证明先前有人类群体住在这里?

克莱尔的女儿安娜无论去哪儿，都不忘找机会写自然日记。

数学课题

让学生们在本地选一个地方，然后找一幅这个地区的旧地图来。看看过去人们用的是哪套测量体系？查找以下的专有名词，竿（rod，长度单位，合5.5码，约503公分）、测链（chain,长度单位，土地测量员的测链是66尺，约20.11公尺；工程师的测链是100尺，约30.48公尺）、英亩（acre；约4046.8平方公尺）和英里（mile；1760码，约1609公里）。这些测量单位之间有什么关联？在地图上，这些测量单位应该怎样换算成公制单位？如果找不到标准的量尺，你怎样测量物体？依靠自己的身体部位，创立一个测量系统。算算自己的正常步

伐和大跨步的步幅分别是多少，把实际的测量结果用标准的测量单位进行换算。

音乐课题

在某个特殊的观察点处记录听到的所有声响。接着，选择其他的几个地点重复上面的做法。看看自己能不能单凭这些“音乐风景”，就能在脑子里构思出当地的风貌来呢？根据“音乐风景”画出风景画。为你的“音乐风景”创作一首歌，添加一些流动的音符，从而唤起你对那“音乐风景”的回忆。

注释：

1 莱内·马利亚·里尔克(Rainer·Maria·Rilke,1875—1926)，里尔克出生于布拉格，德语诗人，著有诗集《杜伊诺哀歌》、《致奥尔弗斯的十四行诗》和小说《马尔特手记》等。

2 亨利·大卫·梭罗(Henry David Thoreau,1817—1862)，美国诗人、散文作家及自然学者。他与爱默生(R·W·Emerson)同为超验主义运动的领导人，曾在瓦尔登湖畔独自筑屋耕种，过了两年多的隐士生活。

3 罗伯特·弗罗斯特(Robert Frost,1874—1963)，弗罗斯特是美国的著名诗人。1874年生于旧金山，1890 年发表第一首诗作。他是第一个4次获得普利策奖的人。他还多次获得其他大奖。他的主要诗集有《孩子的意愿》、《波士顿以北》、《新罕布什尔》等。

4 松尾芭蕉(Basho，1644—1694)，日本江户时代俳谐诗人。他的主要作品有《荒野纪行》、《鹿岛纪行》、《幻住庵记》、《深处的小路》和《俳谐七步集》。

推荐阅读书目

今天，很多优秀的谈论大自然的古旧书籍都已绝版，新近出版的书又大多由小型的专业出版社出品，因此很难在一些大销量的书店架子上寻觅到它们的踪影。如果你找不到我们推荐的书，不妨问问图书管理员能否在中央图书馆组织或者根据馆际出借制度借到它。充分利用所有可调动的信息网络——学校的、自然研究中心的、大学的，或者请教那些对你的自然历史课题——树木、鸟类、生态环境、礁石海岸、星群或者其他题目感兴趣的人。你也可以尝试着在网络上搜索资料。

我们熟识的很多自然学家都是自学成材的。参考以下的书籍，看看有没有适合你进行研究的资料、想法和建议。

自然史

Comstock, Anna B.: *Handbook of Nature Study*, Ithaca, NY: Comstock Publishing Company, 1916
(1986年由Cornell University Press再版)

Durrell, Gerald: *The Amateur Naturalist*, New York: Mckay/Random House, 1989

Finch, Robert and John Elder: *Norton Book of Nature Writing*, New York: W.W.Norton & Company, 1990

Gould, Stephen Jay: *Eight Little Piggies: Reflections on Natural History*, W.W. Norton, 1994

Halfpenny, James C.and Roy Douglas Ozanne: *Winter: An Ecological Handbook*, Boulder, CO: Jackson Books, 1989

Hunken, Jorie: *Ecology for All Ages*, Saybrook, CT: Globe Pequot Press, 1994

Johnson, Cathy: *The Naturalist's Path: Beginning the Study of Nature*, New York: Walker&CO.,1991

Lawlor, Elizabeth: *Discover Nature Close to Home*, Harrisburg, PA: Stackpole Books, 1993

Leopold, Aldo: *A Sand County Almanac*, New York: Oxford University Press, 1966

Mitchell, John: *The Curious Naturalist*, Dubuque, IA: Kendall/Hunt Publishing Co., 1996
(这个版本是翻印1977年的旧版本)

National Geographic Society: *The Curious Naturalist*, Washington, D.C.: National Geographic, 1991

Orr, David W.: *Earth in Mind: On Education, Environment and the Human Prospect*, Washington D.C.: Island Press, 1994

Palmer, E.Lawrence and J.Seymour: *Fowler: Fieldbook of Natural History*, New York: McGraw—Hill, 1977
(这是一本描写大自然的另一部经典之作。书中提供了大量的自然史信息，从植物到昆虫，从鸟到哺乳动物，从贝壳、山岩到矿物质，涉猎非常广泛。)

Reader's Digest: *Joy of Nature*, Pleasantville, NY: The Reader's Digest Association, Inc.,1977 (书中有一长篇图文并茂的描写自然环境的散文。)

Reader's Digest: *North American Wildlife: An Illustrated Guide to 2,000 Plants and Animals*, Pleasantville, NY: Reader's Digest, 1982

Sierra Club Naturalist's Guides, San Francisco: Sierra Club Books.
(这是一套系列丛书，对探索美国新开发的地方十分有用，比如北大西洋沿岸地区、南部新英格兰、彼德蒙特、诺斯伍德、塞拉内华达、西南部的沙漠地带和大西洋中部沿岸地区。)

Silver, Donald: *One Small Square: Backyard*, New York: W.H.Freeman and CO., 1993
(本书提出了一种研究小地方的自然现象的新方法，书中插图颇多。)

Trimbel, Stephen, ed: *Words from the Land: Encounters with Natural History Writing*, Salt Lake City: Gibbs M. Smith, Inc., Peregrine Smith Books, 1988

Wilson, Edward O.: *Naturalist*, Cambridge, MA: Harvard University Press, 1994

______.*Biophilia*, New York: Island Press, 1984

观察自然

Brainerd, John: *The Nature Observer's Handbook*, Chester, CT.: The Globe Pequot Press, 1986

Boot, Kelvin: *The Nocturnal Naturalist*, London: David & Charles, 1985

Fadala, Sam: *Basic Projects in Wildlife Watching*, Harrisburg, PA: Stackpole Books, 1989

Hanendrat, Frank T: *Wildlife Watcher's Handbook*, New York: Winchester Press, 1977

Rezendes, Paul: *Tracking and the Art of Seeing: How to Read Animal Tracks and Signs*, Charlotte,VT: Camden House Publishing Co.,1992

Roth, Charles E: *The Wildlife Observer's Guidebook*, Englewood Cliffs, NJ: Prentice—Hall, 1982

________. *The Plant Observer's Guidebook*, Englewood Cliffs, NJ: Prentice—Hall, 1984

_______. *The Sky Observer's Guidebook*. New York: Prentice—Hall Press, 1986

________. *The Amateur Naturalist*, New York: Franklin Watts, 1993

Smith, Rechard P: *Animal Tracks and Signs Of North America: Recognize and Interpret Wildlife Clues*, Harrisburg, PA: Stackpole Books, 1982

Walton, Richard K and Robert W. Lawson: *Birding by Ear*. Boston: Houghton Mifflin, 1989

野地图鉴

Arnett, Ross H. and Dr. Richard L. Jacques: *Guide to Insects*, New York: Simon and Schuster, 1981

The Audubon Society Nature Guides, New York: Alfred A Knopf

(这是一套系列丛书，描述了沙漠、草原、太平洋沿岸、大西洋和海湾地区沿岸、东部森林、西部森林、沙漠和洼地的相关内容。)

Brown, Lauren: *Grasses: An Identification Guide*, Boston: Houghton Miffin, 1979

______. *Weeds In Winter*: New York: W.W. Norton & Co., 1976

Chambers, Kenneth A: *A Country—Lover's Guide to Wildlife*, New York: New American Library, 1979

Chartrand, Mark R. III: *Sky Guide—A Field Guide for Amateurs*, New York: Golden Press, 1982

Covell, Charles V. Jr: *A Field Guide to the Moths of Eastern North America*, Boston: Houghton Mifflin, 1984

Farrand, John Jr: *An Audubon Handbook: How to Identify Birds*, New York: McGraw—Hill, 1988

Field Guide to the Birds of North America, Washington, D.C.: National Geographic Society, 1983

Harrison, Hal H: *A Field Guide to Birds's Nests*, Boston: Houghton Mifflin, 1975

LaChapelle, Edward R: *Field Guide to Snow Crystals*, Seattle: University of Washing—ton Press, 1969

Linhoff, Gary H: *Simon & Schuster's Guide to Mushrooms*, New York: Simon & Schuster, 1981

Meinkoth, Norman A: *The Audubon Society Field Guide to Seasbore Creatures*, New York: Alfred A. Knopf, 1981

Menzel, Donald H. and Jay M. Paschoff: *A Field Guide to the Stars and Planets*, Boston: Houghton Mifflin, 1983

Montgomery, F.H: *Weeds o Northern United States and Canada*, New York: Frederick Warne & Company, Inc., 1964

Murie, Olaus J: *A Field Guide to Animal Tracks*, Boston: Houghton Mifflin 1975

Peterson, Roger Tory and Margaret McKenney: *A Field Guide to Wildflowers of Northeastern and North—Central North America*, Boston: Houghton Mifflin, 1974

Pyle, Robert Michael: *The Audubon Society Field Guide to North American Butterflies*, New York: Alfred A. Knopf, 1981

Reddington, Charles B: *Plants in Wetlands*, Dubuque, IA: Kendall/Hunt Publishing Company, 1994

Robbins, Chandler S., Bertel Bruun and Herbert S. Zim: *Birds of North America*, New York: Golden Press, 1966

Shaefer, Vincent J., and John A. Day: *A Field Guide to the Atmosphere*. Boston: Houghton Mifflin, 1981

Smith, Hobart M: *A Golden Guide to Field Identification: Amphibians of North America*. New York: Golden Press, 1978

Smith, Hobart M. and Edmund D. Brodie Jr.: *A Golden Guide to Field Identification: Reptiles of North America*, New York: Golden Press, 1982

Stokes, Donald W: *A Guide to Nature in Winter*, Boston: Little, Brown & Co., 1976

________. *A Guide to the Behavior of Common Birds*, Boston: Little, Brown & Co., 1979

Symonds, George W.D: *The Tree Identification Book*, New York: William Morrow & Co., 1958

________. *The Shrub Identification Book*, New York: William Morrow&Co., 1963

Whitaker, John O. Jr: *The Audubon Society Field Guide to North American Mammals*, New York: Alfred A. Knopf, 1980

Zim, Herber S: *A Golden Guide: Botany*, New York: Golden Press, 1970

(不妨也读一读《黄金指南》系列中的其他有用且价格不贵的书，包括《黄金指南系列：昆虫、种子、不花植物、池塘生活、天气、蝴蝶、蜘蛛、星星和动物学》。)

与孩子们在自然界的怀抱里埋头苦干

Carson, Rachel: *The Sense of Wonder*, New York: Harper and Row, Publishers, 1984

Cornell, Joseph: *Sharing Nature with Children: A Parent's and Teacher's Nature and Awareness Guidebook*, Nevada City, CA: Dawn Publications, 1998

Herman, Marina L. and Joseph F. Passineau: *Teaching Kids to Love the Earth*, Duluth, MN: Pfieifer—Hamilton Publishers, 1991

Leslie, Clare Walker: *Nature All Year Long*, New York: Greenwillow Books, 1991

Nabham, Gary: *The Geography of Childhood*, Boston: Beacon Press, 1994

Russell, Helen Ross: *Ten Minute Field Trips*, Washinton, D.C.: National Science Teachers Association, 1990

(这是一位杰出的教师兼自然观察家写的书，这位教师在最荒芜的学校场地上寻找自然。)

Sisson, Edith: *Nature with Children of All Ages*, New York: Simon & Schuster, 1982

Simon, Seymour: *Science in a Vacant Lot*, New York: Viking Press, 1970

Sobel, David: *Children's Special Places*, Tuscon: Zephyr Press, 1993

描绘大自然

Appellof, Marian E., ed: *Everything You Ever Wanted to Know about Watercolor*, New York: Watson—Guptill Publicaitons, 1992

Barlowe, Dorothea and Sy Barlowe: *Illustrating Nature: How to Paint and Draw Plants and Animals*, New York: Portland House, 1987

Borgeson, Bet: *The Colored Pencil*,New York: Watson—Guptill Publications, 1983

Cameron, Julia: *The Artist's Way*, New York: J.P.Tarcher/Putnam, 1992

Franck, Frederick: *The Zen of Seeing: Seeing/Drawing As Meditation*, New York: Vintage Books/Random House, 1975

Goldberg, Natalie: *Writing Down the Bones*, Boston: Shambala Publicaitons, 1986

Guptill, Arthur L: *Rendering in Pen and Ink*, New York: Watson—Guptill Publications, 1947

Hodges, Elaine R.S.,ed: *The Guild Book of Scientific Illustration*, New York: Van Nostrand Reinhold, 1989

Johnson, Cathy: *First Steps in Drawing*, Cincinnati, OH: North Light Books, 1995

______. *Sketching In Nature*, San Francisco: Sierra Club Books, 1990

______. *Painting Watercolors: First Step Series*, Cincinnati, OH: North Light Books, 1995

Knight, Charles R: *Animal Drawing:Anatomy and Action for Artists*,New York: Dover Publications, 1947

(这是20世纪早期的野生艺术大师撰写的经典著作。)

Leslie, Clare Walker: *Nature Drawing: A tool for Learning*, Dubuque, IA: Kendall/Hunt Publishing Company, 1995

______. *The Art of Field Sketching*, Dubuque, IA: Kendall/Hunt Publishing Company, 1995

(重版1984年的版本)

Nice, Claudia: *Sketching Your Favorite Subjects in Pen and Ink*,Cincinnati, OH: North Light Books, 1993

Nicolaides, Kimon: *The Natural Way to Draw*,Boston: Houghton Mifflin, 1941

Seslar, Patrick: *Wildlife Painting: Step by Step*,Cincinnati, OH: North Light Books, 1995

West, Keith: *How to Draw Plants: The Techniques of Botanical Illustration*,New York: Watson—Guptill Publications, 1983

自然日记

Hinchman, Hannah: *A Life in Hand*,Salt Lake City: Peregrine Smith Books, 1991

______. *A Trail through Leaves: The Journal as a Path to Place*, New York: W.W.Norton, 1997

Holden, Edith: *The Country Diary of an Edwardian Lady*,New York: Holt, Rinehart, and Winston, 1977

Johnson, Cathy: *One Square Mile: An Artist's Journal of America's Heartland*,New York: Walker and Company, 1993

Leslie, Clare Walker: *A Naturalist's Sketchbook: Pages from the Seasons of a Year*,New York: Dodd, Mead and Co., 1987

Midda, Sara: *Sara Midda's South of France: A Sketchbook*, New York: Workman Publishing, 1990

Poortvliet, Rien: *Noah's Ark*, New York: Harry N. Abrams, Inc., Publishers, 1985

美国自然历史

Barber, Lynn: *The Heyday of Natural History*, Garden City, NY: Doubleday and Company, Inc.,1980

Bonta, Marcia Meyers,ed: *Women in the Field: America's Pioneering Naturalists*, College Station, TX: A&M University Press, 1991

Cronon, William: Changes *in the Land: Indians, Colonists, and the Ecology of New England*,New York: Hill and Wang, a division of Farrar Straus Giroux, 1983

Hanley, Wayne: *Natural History in America*. New York: Quadrangle Books, 1975

Huth, Hans: *Natural History in American Mind*,Lincoln, NE: University of Nebraska Press, 1975

Kastner, Joseph: *A World of Watchers*,San Francisco: Sierra Club Books, 1993
(这是一本关于美国赏鸟历史的书。)

Shepard, Paul: *Man in the Landscape: A Historic View of the Esthetics of Nature*, New York: Alfred A. Knopf, 1967

资料

指导个人进行自然历史研究的资料

为找到志同道合的人或者直接参与自然日记写作的人，可以向当地的或者区域性的组织打听。一些较容易加入，且离社区较近的组织包括：

本地的公共图书馆以及其地区机构

自然中心或科学博物馆

社区学院、州立学院和大学

冒险家俱乐部

州立渔业与野生动物管理局，很多管理局都提供可供来访者参观的项目

本地保护委员会和土地信托公司

一些网页

本地的奥杜邦俱乐部

国家公园的工作人员，尤其那些护林员自然观察家们。

住所附近可以写自然日记的地方

城镇中设立的保护区（大多数城镇都有这些地区的简要地图，镇上的图书馆里也有）

- 本地土地信托公司所有的地方
- 自然中心的土地
- 野生动物管理地区（可以向国家渔业与野生动物管理局询问这些地区的方位）
- 国家野生动物避难所
- 国家森林
- 国家娱乐场所
- 国家公园
- 没有路权的铁路
- 公墓（很多公墓都有安静的林地和池塘）
- 农场

书店里往往出售一些关于特殊地方的短距离参观的书。一些组织，比如阿巴拉契亚山俱乐部（The Appalachian Mountain Club）和塞拉俱乐部（The Sierra Club）就有详细的地图以及一些洲际步道的介绍资料。赏鸟俱乐部也会在本地出版一些关于本地热门的赏鸟地点的书。有两本书对找到好的观察自然的去处很有帮助，一本是：

派瑞·约翰（Perry John）和简·格莱沃勒斯（Jane Greverus Perry）合著的：

《兰登书屋指导手册：美国东部地区的自然界》（*The Random House Guide to Natural Areas of the Eastern United States*）New York：Random House，1980)

另一本是：

劳拉·里雷（Riley，Laura）和威廉·里雷（William Riley）合著的：

《国家野生动物保护区手册：怎么到那里，应该看些什么、做些什么》（*Guide to the National Wildlife Refuges：How to Get There；What to See and Do*，Garden City N.Y.：Anchor Press/Doubleday，1979)

热衷组织自然活动的协会

阿巴拉契亚山俱乐部，地址：5 Joy Street, Boston, MA02108。

网站：www.outdoors.org(出版刊物“阿巴拉契亚山俱乐部”，并宣传重要事件和开办讲习班。)

国家奥杜邦协会（National Audubon Society），地址：700 Broadway, New York, NY10003。

网站：www.audubon.org（出版《奥杜邦》刊物，刊物全部用于刊登关于特殊地方的文章、照片和其他信息。这个组织也在全国范围内经营一些自然历史野营活动。）

国家野生动物联盟（National Wildlife Federation），地址：11100 Wildlife Center Drive, Reston, VA20190

网址：www.nwf.org(出版《国家野生动物》、《国际野生动物》、《瑞克森林巡查员》和《你的大后院》。每逢夏季，这个组织还在全国范围内赞助一些高峰会议和一些家庭户外活动。)

塞拉俱乐部，地址：85 Second Street, 2nd Floor, San Francisco, CA94105

网址：www.sierraclub.org（这个组织以出版优秀的自然书籍闻名。它的本地俱乐部也赞助各种远足旅行。）

国家公园和保护区组织（The National Parks and Conservation Association）

地址：1300 19th Street, N.W., Suite 300, Washington, D.C.20036

网址：www.npca.org

（出版《国家公园》刊物，刊物上登载很多关于你想参观的地方的信息，并提出很多公园现在面临的问题。）

美国自然历史博物馆（The American Museum of Natural History）

地址：Central Park West at Seventy—Ninth Street, New York, NY10024

网址：www.amnh.org

（美国最主要的自然历史博物馆，出版《自然历史》刊物。这个刊物是自然历史文章的最佳来源之一。他们的一个定期专栏“这片土地”，常常提出一些独特且较容易接近的自然历史地区，让人忍不住要去看个究竟。）

同时，请考虑以下的组织和他们的出版物，学习一些关于自然写作和自然艺术的知识：

猎户座协会（The Orion Society）与米瑞安协会（The Myrin Institue）

地址：187 Main Street, Great Barrington, MA01230

网址：www.oriononline.org和www.myrin.org

（出版《猎户座》杂志，杂志中收录当代自然作家们最富文采的作品。）

野生动物艺术杂志社（Wildlife Art Magazine）

地址：1428E. Cliff Road, Burnsville, MN55337

网址：www.wildlifeartmag.com

要知道和拜读的自然日记作家

在西方的早期自然日记作家中，我们应知道他们：

亚里士多德（Aristotle）：希腊学者。公元前335年左右，他写了《动物史》。他在这本书里列目录记载了300多种不同的脊椎动物。后来，罗马人老普林尼①继承了亚里士多德的事业，并于公元前75年制作了长达35卷的《动物史》。在这套书里，他第一次描述了台风和地震，并附插图。同时，他还提到了一种奇异的海龙和大量的形貌古怪的鸟类和动物。

莱昂纳多·达芬奇(Leonardo da vinci，1452—1519)，意大利人，富于创意的天才艺术家。他不仅有着非凡的创造能力，而且还是第一位在日记中记录自己的研究发现的人，比如瀑布、飓风、百合花、树木、人体解剖图以及大量的发明创造。

吉尔伯特·怀特（Gilbert White,1720—1793)，著有《塞尔本的自然观察家》（*A Naturalist at Selburne*）。他在日记里记录英国的故乡，并参考这些观察写成此书。

在19世纪，在全世界收集自然历史标本和写自然日记的活动，曾风靡了整个欧洲和美洲（甚至连维多利亚女皇②都写自然日记）。小学生和年轻的女人记录村子里的四季变化，也是司空见惯的事儿。那时候，自然研究是英国学校系统的一个完整课题。时至如今，很多地区依然盛行这种教育。近几年来，重印的伊迪丝·荷顿（Edith Holden）的《一位爱德华时代淑女的日记》非常受读者的欢迎。这本书也是那个时代自然日记的杰出典范。

查尔斯·达尔文（Charles Darwin，1809—1882），他也是一位自然日记作家，在年复一年的研究工作中，他把自己的想法和观察都写在日记里，他在贝格尔号海军舰艇上进行长途勘查时，更是如此。后来，他对这些日记进行思考，于是奠定了进化论的基础。众所周知，达尔文的“最大遗憾”就是“不知道怎样才能画好画”，以至影响了他的观察。

19世纪，欧洲其他有成就的著名自然日记作家还包括伟大的瑞士地质自然学家路易斯·阿加西（Louis Agassiz），他曾提出“亲身研究自然，不要只埋首书本”的口号。此外，还有法国昆虫行为学者让·亨利·法布尔（Jean Henri Fabre）。

在美洲，大多数早期的自然观察家需要同时精通画画、写作和观察。那时候，他们不得不经常在弗罗里达的沼泽里和烟囱山里的深林中画画或者暴露在达克达大草原上，在严寒把他们的手指冻下来前把看到的标本画下来。由于他们描绘的地方和住在那里的活物现在大多不复存在，所以，他们的图画、素描和文字都变成了异常珍贵的资料。

马克·卡特斯比（Mark Catesby）于1712—1726年间曾在英国和美洲之间游历，他观察并描绘了许多动物，小到青蛙，大到野牛，无所不有。

威廉·巴特兰（William Bartram，1739—1823），18世纪40年代到70年代，他在美洲的南部诸州进行长途跋涉。在跋涉途中，他用文字和图画记录、描绘了很多看到的花卉、鳄鱼和鸟儿。

约翰·詹姆士·奥杜邦（John James Audubon，1785—1851），为了研究鸟类的生活，他走遍了整个美洲，并按照实物大小把看到的鸟类都画了下来。同时，还把自己对美国边疆所作的观察收录到自己的日记里。最后，他出版了自己的日记，并请伟大的雕刻师哈维尔把这些水彩画雕刻下来。

探险家玛利威瑟·路易斯和威廉姆斯·克拉克(Meriwether Lewis and William Clark)，1802年到1805年，他们在美国西部长途跋涉，并在途中详细记载了自己的见闻。他们画了许多素描并收集了大量的标本，他们的壮举让美国人了解了“路易斯安那购地合约”上不曾提及的东西。这两名探险家都是托马斯·杰弗逊总统亲自挑选和任命的，因为他们两个都能写出精确而详细的日记。

亨利·大卫·梭罗(Henry David Thoreau)一直忠实地记录着自己的漫游散记，无论是他的家乡马萨诸塞州的康科德，还是科德角和缅因。梭罗的日记是他的经典著作《瓦尔登湖》及其他著名作品的“资料库”。

玛格丽特·摩斯·尼斯(Margaret Morse Nice)是一位普通的家庭主妇。在做家务的空当，她不断地记录家庭院里北美歌雀们的一举一动。年复一年，她观察到的细节越来越详细，所以，当她的孩子长大成人以后，她已经成了一位全职的鸟类学家了。当她决定撰写这种鸟的历史时，日记提供了她所需要的一切信息。就完整程度而言，她写的歌雀历史无人能及。

欧内斯特·桑普森·塞顿(Ernest Thompson Seton, 1860—1946),他是一位艺术家兼自然观察家。他数十年如一日，在日记中洋洋洒洒地写了大量文字，并附了大量的插图。他把这些日记作为畅销书的基础，比如《我眼中的野生动物》(*Wild Animals I Have Known*)。有些人曾质疑他的知识，还称他“自然骗子”。在总统瑟奥多·罗斯福的敦促下，他把日记写成了一部由若干卷组成的自然科学著作——《野生动物们的生活》。直到现在，这本书依然被当作参考书被人们广泛引用。

注释：

1 老普林尼(Pliny the elder),古罗马作家、科学家，以《博物志》(*Naturalis Historia*)一书留名后世。

2 维多利亚女皇：她统治的英国时代，史称维多利亚时代，是英国盛世，所谓“日不落”帝国。这时期英国的工业和经济居世界之首，思想文化也极其繁荣，产生了达尔文的进化论、狄更斯的小说，更有大名鼎鼎的维多利亚绘画。

供教师评估自然日记技巧的评量表

老师们总问："我们怎样才能制作出一个评量表来评估自然日记呢？需要的话，我们该怎样把它转化成分数呢？"其实，自然日记与分数和水平完全不挂钩，只是学校常常这么要求而已。写自然日记的关键是让同学们从观察记录中获得满足，并把它用作其他活动的参考资料。评估的目的在于提升对自己付出的努力和学到的东西的满足感。可能的话，评判应该尽量是肯定的，鼓舞人心的。

老师们在评估学生们的日记时，以下的"四点评量表"可以派上用场。你可以先画一个表格，然后在表格里填上与下面类似的标准。这样，就可以评估学生们的进步情况了。

词汇

0=从规定的日期开始，没有新的文字记录

1=写了几个新的字词，但是几个用错了

2=只写了几个新的字词，但是都用对了

3=写了好几个新词语，而且大部分都用对了

4=用了很多新的词语，所有词语的用法正确无误

绘画能力

0=没有图画

1-有意地画了一些粗略的速写，但画得模棱两可

2=一些素描清楚地表现了画者观察到的东西

3=大多数素描都很清晰，并表现了画者对所画的轮廓和结构的理解

4=所有的素描都很清晰，并反映了画者对阴影和图解的基本观念的理解

总体评估

可以制定一套适合各种日记的、与上面类似的评估标准，这样，无论是学生进行自我评价还是由老师/领队测评，都能拿来用。通常，让学生们参与标准的制定对他们大有好处，因为这样学生们就知道自己该朝着哪个方向努力了。学校的老师是一定要给所有的东西打分或者评级的，下面这个"四点评量表"可以作为评级的标准。

例如：

0=F或者等于或少于59分

1=D或者60分到69分

2 =C或者70分到79分

3=B或者80分到89分

4=A或者90分到100分

精选作品回顾

精选作品集作为一种评估形式，正受到越来越多的学校的青睐。作品集里收录了学生们在某一时期内的作品。从很多角度看，自然日记实际上就是一个精选作品集，既可以自行使用，也可以与其他文献结合着使用，从而作为学生们进步的具体证明。

索引

S

T

W

X

Y

Z

图书在版编目（CIP）数据

笔记大自然 /（美）莱斯利，（美）罗斯著；麦子译.
—上海：华东师范大学出版社，2008. 6
ISBN 978-7-5617-6049-9
I. 笔… II. ①莱…②罗…③麦… III. 自然科学—青少年
读物 IV. N49
中国版本图书馆 CIP 数据核字(2008)第 068721 号

华东师范大学出版社六点分社
企划人　倪为国

Keeping a Nature Journal
by Clare Walker Leslie and Charles E. Roth

笔记大自然

(美)克莱尔·沃克·莱斯利　查尔斯·E·罗斯　著
麦子　译

统　　筹　储德天
责任编辑　审校部编辑工作组
特约编辑　何花　张雯
版式设计　王建军
封面设计　许尤佳　吴正亚

出版发行　华东师范大学出版社
社　　址　上海市中山北路 3663 号　邮编　200062
网　　址　www.ecnupress.com.cn
电话总机　021-60821666　行政传真　021-62572105
客服电话　021-62865537（兼传真）
门市(邮购)电话　021-62869887
门市地址　上海市中山北路 3663 号华东师范大学校内先锋路口
网　　店　http://hdsdcbs.tmall.com

印 刷 者　上海盛隆印务有限公司
开　　本　787 x 1092　1/16
印　　张　14.75
字　　数　140 千字
版　　次　2008 年 6 月第 1 版
印　　次　2020 年 8 月第 21 次
书　　号　ISBN 978-7-5617-6049-9/I · 430
定　　价　59.80 元

出 版 人　王　焰

(如发现本版图书有印订质量问题，请寄回本社客服中心调换或电话 021-62865537 联系)